美學法則「黃金比例」

當長邊約為短邊的 1.6 倍時稱為「黃金比例」。有著黃金比例的事物總是會讓人覺得美，許多繪畫和建築物都隱藏著黃金比例喔（參見37、78頁）！

影像來源／ H. O. Havemeyer Collection, Bequest of Mrs. H. O. Havemeyer, 1929

◀ 富嶽三十六景・神奈川沖浪裡（葛飾北齋）

這是一幅日本江戶時代的浮世繪。描繪從神奈川縣橫濱近海眺望富士山的景象，這幅畫的長寬比就是黃金比例。

影像來源／ C2RMF via Wikimedia Commons

◀ 蒙娜麗莎（李奧納多・達文西）

這是義大利藝術家達文西的知名畫作，也是全世界最富盛名的女性肖像畫。畫像中，蒙娜麗莎臉部的長寬比就是黃金比例。

▶凱旋門

位於法國巴黎的凱旋門是知名觀光景點。當初是為了紀念戰爭勝利，讚頌皇帝與將軍興建而成。中間通道的高度與整體高度也呈現黃金比例。

影像提供／ MIYABI/PIXTA

自然界常見的神奇「多邊形」

擁有三個以上的頂點與邊的圖形稱為多邊形，包括三角形、四邊形、五邊形、六邊形……等，種類相當多。一起來尋找大自然的多邊形吧！

影像提供／The Salt Industry Center of Japan

影像提供／日本公益財團法人黑潮生物研究所

四邊形

▲食鹽的結晶

食鹽是我們常用來做菜的調味料，用顯微鏡觀察其結晶會看到由四邊形圍起來的美麗立方體。

五邊形

▲麵包海星

與大家熟知的海星形狀不同，麵包海星呈現五邊形，身體像麵包一樣隆起。

▼柱狀節理

從火山流出的岩漿在地面慢慢冷卻，就會形成柱狀節理。岩漿凝固時會收縮，出現五邊形或六邊形柱狀裂痕。

六邊形

影像提供／DACHI（上） tomboy（下）／皆為 PIXTA

影像提供／nanD_Phanuwat／PIXTA

▲蜂巢（蜂巢板）

蜂巢裡充滿六邊形小隔間，稱為蜂巢結構，札實耐用。

神祕又協調的「費波那契數列」

費波那契數列是由費波那契數 1、1、2、3、5、8、13、21、34……無限加總的數列，自然界也有費波那契數列喔（請參照 P.77 ～ 78）！

▶向日葵

向日葵不是一朵大花，而是由許多小花集結而成。這些小花像漩渦一樣朝順時針和逆時針排列。順時針有 34 列，逆時針有 55 列，都是費波那契數列。

影像提供／ mahirart/PIXTA

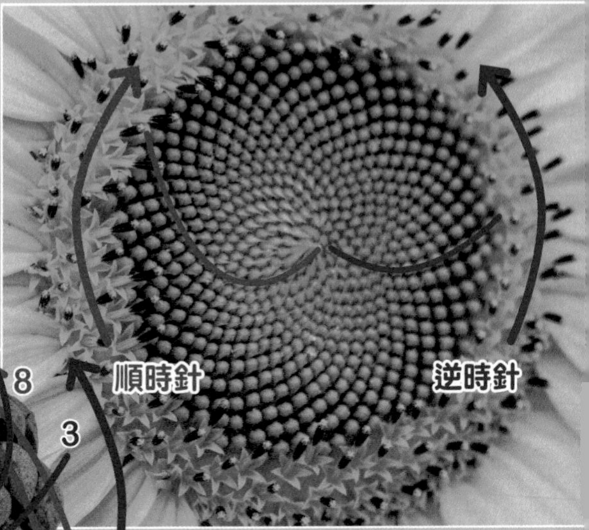

影像提供／ fujita hiroshi/PIXTA

◀松毬

果鱗呈螺旋狀排列，順時針有 8 列，逆時針有 13 列。

費波那契數列與花瓣數

只要數一數植物花瓣有幾瓣，就會發現大多是費波那契數，真的很神奇。例如巴西水竹葉為 3 瓣、梅花為 5 瓣、大波斯菊為 8 瓣。

巴西水竹葉

梅花（染井吉野櫻）

大波斯菊　攝影／ Okuyamahisashi

影像提供／ hiro/PIXTA

獻給神社與寺院的「算額」

日本江戶時代研究數學的人為了展示自己的成果，會將自己的求解方式和答案寫在木板上，獻給神社與寺院。此舉是感謝神佛保佑，成功解開題目，同時祈求下次遇到更困難的問題時，也能迎刃而解。此木板稱為「算額」，如今日本全國還留存約一千件算額（參見 190 頁）。

▶田代神社的算額

這是位於岐阜縣的神社，於 1841 年民眾奉納的算額。總共有 5 個題目，全都是圖形問題。雖然難度跟現在的高中數學差不多，但實際解開這些題目的人，還包括 12 歲左右的小孩。

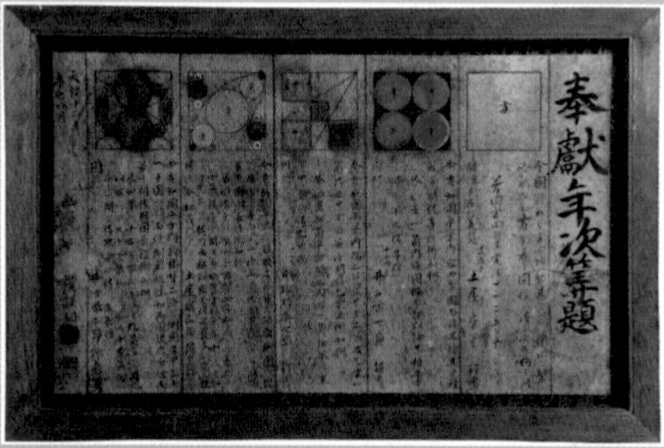

影像提供／日本養老町教育委員會

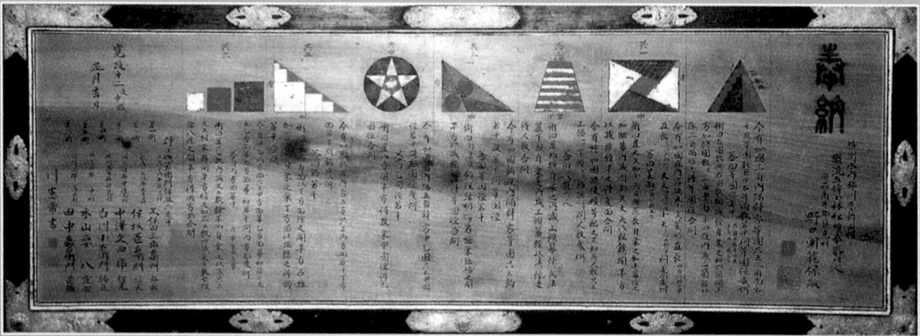

影像提供／日本木島平村教育委員會

▲水穗神社的算額

這是位於長野縣的神社，於 1800 年民眾奉納的算額。上面記載數學問題的解法，讓一般百姓知道。內容難度相當於現代國中到高中的幾何圖形問題。

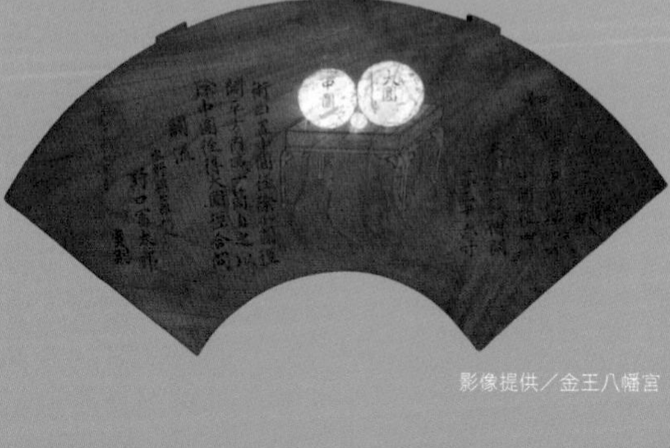

◀ 金王八幡宮的算額

這是位於東京都的神社，於 1864 年民眾奉納的算額。算額形狀是很少見的扇形，記載著大中小三個圓形中，求大圓形直徑的題目。

影像提供／金王八幡宮

哆啦A夢
DORAEMON

知識大探索

KNOWLEDGE WORLD

超強數學幸運槍

哆啦A夢知識大探索

超強數學幸運槍

目錄

刊頭彩頁

隱藏在藝術裡的美學法則「黃金比例」

自然界常見的神奇「多邊形」

神祕又協調的「費波那契數列」

獻給神社與寺院的「算額」

前言

第1章 數學史上的大發現「0」

漫畫 虛構房門 …… 6

沒有數字的年代 …… 18

記數法的發明 …… 19

沒有0的年代 …… 20

人類如何發現代表「無」的0？ …… 22

算式中有0的計算規則 …… 24

第5章 全世界充滿數

漫畫 反擊手套 …… 66

乘法與除法最重要的倍數和因數 …… 72

以最少字數表達巨大數字的次方數 …… 75

不可思議的數列 …… 77

無限的未知世界 …… 79

第6章 圓周率「π」的歷史

漫畫 穿牆環 …… 81

漫畫 無臉照相機 …… 86

像是以圓規畫出的「圓」 …… 90

圓周率的歷史 …… 91

無止盡且無規則的小數「無理數」 …… 94

第7章 了解宇宙的數學

漫畫 寬廣的日本 …… 97

測量地球大小 …… 111

第8章 寬廣的數學世界

漫畫 無重力的大雄家 …… 114

小數與分數代表不完整的數 …… 126

※ 未特別載明的數據資料，皆為2021年9月的資訊。

第2章 利用數字思考計測方法
漫畫 四次元疊疊屋 …… 25
用觀察與計測解釋自然的泰利斯 …… 34
測量金字塔高度 …… 35

第3章 神奇的數學世界
漫畫 圖表不說謊 …… 39
0的意義逐漸普及 …… 43
偶數與奇數 …… 45
擁有神奇性質的質數 …… 46

第4章 數字表現出人類的智慧
漫畫 重力控制儀 …… 50
大數字與小數字的單位 …… 60
古代的各種數字 …… 63
各種數數法 …… 65

從比值來思考「倍數」 …… 130
以一定差距變化的數列 …… 132

第9章 改變世界的數
漫畫 任意變月曆 …… 135
將一天等分的「時間」究竟是什麼？ …… 146
與天體運作關係密切的「曆法」 …… 147
存在於我們身邊的數學 …… 150

第10章 電腦與數學
漫畫 真人電子遊戲 …… 152
以0與1代表所有數字的二進位制 …… 160
密碼的歷史 …… 162
開啟未來的超級電腦 …… 165

第11章 日本的數學
漫畫 稅金鳥 …… 166
漫畫 幸運槍 …… 176
從中國傳入的計算工具 …… 186
日本特有的和算 …… 187

前言

日本立教大學文學部教育學科特任教授　黑澤俊二

各位近來應該常常聽到「數位」這個詞彙吧？「數位錶（電子錶）」、「數位照片」、「數位訊號傳播」等都是現在的流行語，日本還成立了「數位廳」，訂定「數位日」，表達「數位讓所有人幸福」的執政理念。將「數位技術」套用在各種事物，持續推動「數位化」的過程中，打造「絕不落下任何人」的數位社會。隨著數位技術蓬勃發展打造出的全新社會，確實並急遽的改變了世界。

話說回來，「數位」究竟是什麼意思？「數位」就是「用數置換」的意思。日本有一句話是「屈指可數」，就是用手指代表「1、2、3……」等數字。當我們遇到要「用數字表達已劃分階段的連續量」這類我們不懂或難以理解的情形時，用數字置換就能一目了然。舉例來說，當我們想表達「長度」，先決定好「一公尺」的長度基準，再用「有幾個一公尺」來說明「長度」，這就是一種數位化的表現。

說得更淺顯一點，電腦就是用「0」與「1」置換全部資訊，利用「數位」機制判斷並處理所有數據的機器。如今世界上許多機器和裝置都內建電腦，讓我們的生活更便利。

為什麼「數位」有助於「讓所有人幸福」呢？那是因為用數字置換有許多「好處」。舉例來說，數位化可以釐清事物之間的「關係」，看見難以察覺的「規則」，釐清一定程度的「區別」與「區間」，透過創造性的「計算」進行創作，發現事物的「根源」。這些都是數位效果最常見的優點。

這本《超強數學幸運槍》對今後生活在數位社會的孩子們，將有很大的幫助。所謂的「有趣」是打破看不見的假象，讓真相突顯出來的趣味所在。閱讀本書的過程中，各位會漸漸明白「數學的道理」，也就是數學世界的「定律」。衷心希望各位能藉由本書，感受隱藏在數學世界的趣味，如此一來，各位一定能找到邁向「數位化」的靈感，以及啟發靈感的知識。請各位好好享受「數學」與隱藏在其中的「定律」。長大之後，為了讓「所有人幸福」，請務必成為「喜愛數學，感受到深究數學定律的喜悅，發現數學，從數學角度思考與行動」的大人。

虛構房門

キリキリキリ
為了忍耐而咬緊牙關。
※忍、忍、忍
不要！
ダッ
※跑走
我已經……
徹底下定決心了！
成功了……
你最近好像常常在存錢呢……
チャリ
※存入

因為我想獨立啊。
所以在存資金……
獨立？
我想試試看自己，到底有多少能力……
怎麼說？
我每天都是靠父母過活，覺得很不好意思。
所以我想靠自己的力量，一個人在外面租屋生活。
話雖這麼說，
但錢很難存呢……
※拍
了不起!!
沒骨氣、愛撒嬌、腦袋又不好的你，竟然能有這種決心！
我會助你一臂之力的，你就盡力去試吧！
你要幫我付房租嗎？
我哪有那麼多錢。
但能讓你試著獨立。
?

超強數學幸運槍Q&A

Q 在日本江戶時代，數數時使用的字不是「正」，而是「玉」。這是真的嗎？

A 真的。據說「玉」代表商人用的算盤上的算珠，以及金銀之類的貴重物品。

貼在空無一物的牆上……
這裡就會出現房間了。
請進。
裡面和其他房間一樣。
把門拆掉，外面就會變回原本的牆壁。
這是你專屬的祕密城堡。
太棒了！
我要在這裡獨立生活！

超強數學幸運槍Q&A

Q 1、2、3……等阿拉伯數字是透過哪項媒介普及於全世界？①活字印刷 ②電視 ③廣播

A ①活字印刷。相傳十五世紀的歐洲開始使用的活字印刷，是阿拉伯數字普及全球的起源。

※咚噠

※砰

超強數學幸運槍Q&A

Q 除了「×」之外，還有哪個符號也用來表示乘法？①「○」②「◎」③「・」

門要記得拆下來啊。
被人發現的話，會跟你收房租喔。
那就糟了。
不知媽媽發現我離家出走了沒？
或許她會反省不該對我嘮叨，或是覺得該多給我一些零用錢吧……
也許吧！
朋友一定會佩服我吧！
佩服我的勇氣與行動力。
應該吧？
靜香，來玩吧！
因為我一個人住，不用在意其他人喔。
嗯，我自己租了間公寓。
把大家都找來吧！
掛斷！☆
大家都不相信呢。
我想也是。
走廊有聲音。
來了。

A ③「・」不只是「×」，「・」也是用來表示乘法的符號。

就說沒有4號室了。
但是大雄，
在電話中的確是說4號室啊。
我是這裡的房東。
說沒有就沒有！
我就覺得奇怪。
大雄那傢伙又在說謊了。
下次要好好教訓他！
從後門把他們叫回來吧。
喂～～
等一下！
哇！

超強數學幸運槍Q&A

Q 羅馬數字的「VI」代表幾？ ①4 ②6 ③9

※快速逃走

阻止我也沒用的。
因為我有堅毅的決心！
ビュー
怪孩子。
雖然沒什麼關係，但一直在那打滾好嗎？
因為我一直在煩惱。
有好多作業喔！不快做就糟了。
平常都是媽媽催我做，已經變成習慣了……
你要上哪去？
出去一下。
嗶—
大雄，你在幹嘛？

A ② 6。5的羅馬數字是「V」、1是「I」，6是「5＋1的結果」，因此以「VI」來表示。

不要整天亂晃，快點做作業！
總算有幹勁了。
你要回去了嗎？
因為快到晚飯時間了。
這麼說來，我肚子也餓了。
如果帶來的泡麵吃完了，
我就要自己做飯來吃了……
好燙、好燙、好燙！
衣服也得自己洗嗎？

超強數學幸運槍Q&A

Q 時鐘表面從12開始，是因為人類使用時鐘時還沒發現0。這是真的嗎？

A 真的。人類首次發現（發明）數字0，是在七世紀的印度。此外，人類早在七世紀之前就已經使用時鐘。

有人在嗎？
請把收音機關小聲點。
胡說些什麼啊？是你家在吵吧！
這公寓真吵。
媽媽還沒發現我離家出走嗎？
一般來說，她應該已經擔心得四處找我……
想叫我回去了吧。
還是說媽媽已經在找了？
就算要找，這裡也不容易找到啊。
還是搬到比較好找的地方吧。
還沒注意到我離家出走嗎？真是無情。

第1章　數學史上的大發現「0」

沒有數字的年代

沒有數字的年代
利用動物骨頭和棒子記錄

如果沒有「1、2、3……」等數字，我們的生活將會如何？我們平時數數，都是用1個、2個等數字來計算東西數量。假設現在有6塊蛋糕，在不使用數字的狀況下，該如何正確記錄呢？

在數字尚未發明的遠古時代，人們數數時會利用動物骨頭、棒子或在樹幹等處做符號，記錄數量。例如抓到一隻動物時，就在樹幹上做一個符號，又抓到一隻時再做一個符號。如此一來，就能確認抓到幾隻動物。直到現在，我們也會用寫「正」字的方式數數。

▲**畫線法**　這是用畫線來數數的方法喔！四條直線加上一條斜線就是「5」。

古代人類將身體的一部分當成度量衡使用

各位與同學比身高時，應該會背對背站在一起比較吧？想要比較長度的兩個物體，只要對齊一邊就能相比出結果。如果是無法放在一起比較的物體，可用繩子或其他東西當尺，量出各自長度再加以比較。

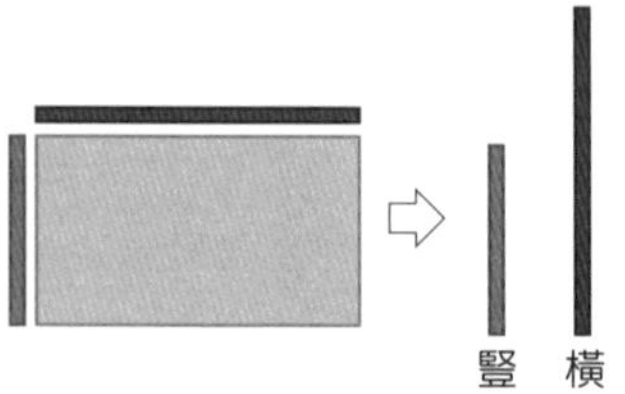

▲無法排列或移動的物品，就用其他東西來比較。

如果事先知道自己身體某部位的長度，需要時就很方便。只要將該部位當尺，就能測量出物品長度。此外，若知道自己的步幅有多寬，也能以計算走幾步的方式，掌握從出發點到目的地的距離。

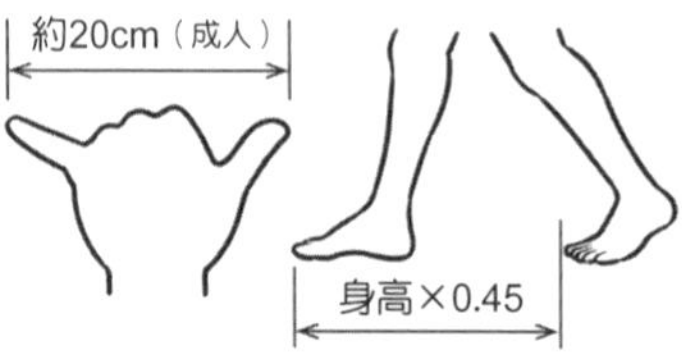

▲**以身體當度量衡**　利用身體的一部分或步幅估算長度。

※「單位」請參考60～62頁的說明。

記數法的發明

巴比倫將六十當成一個整數

我們的雙手共有10根手指頭，可以立刻數出1到10。如果要用身體計算11以上的物品，該怎麼做才好？在古代，巴比倫人（現在的伊拉克一帶）利用手指關節，以單手的4根手指頭數至12，另一隻手則為12的倍數，可計算至60。現代日本魚市場或果菜市場在進行「競標」時，仍可看到拍賣官以單手表達價格的情景。

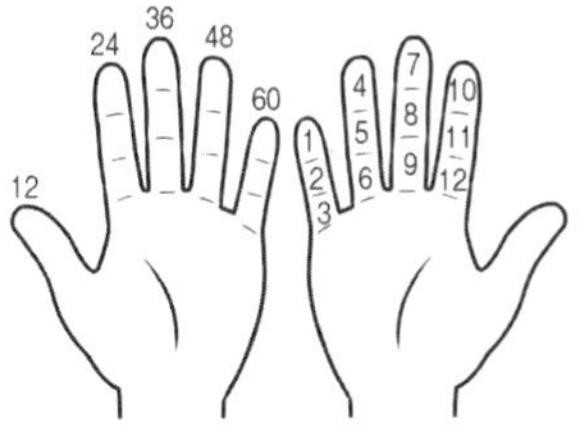

12
24
36
48
60
1 2 3 4 5 6 7 8 9 10 11 12

▲巴比倫的數數法

用一隻手的食指、中指、無名指與小指可數至12。

我們常用的十進位制、十二進位制與六十進位制

以10根手指頭數數，數2次就能數到20。這種以10為基數的進位法，稱為「十進位制」。舉例來說，10枚一元硬幣就是十元，10枚十元硬幣就是一百元，10張百元鈔票就是一千元。也就是每個10就會進一位。另外，巴比倫的數數法是以60為基數的「六十進位制」。而時間就是以60秒為1分鐘，60分為1小時。而且以12小時為基準轉換上午和下午，每24小時為1天，每12個月為1年。分與小時雖為六十進位制，但天、月與年是「十二進位制」。12這個數字可對分，也可以分成4等分，還能分成3等分、6等分與12等分，是很方便好用的數字。

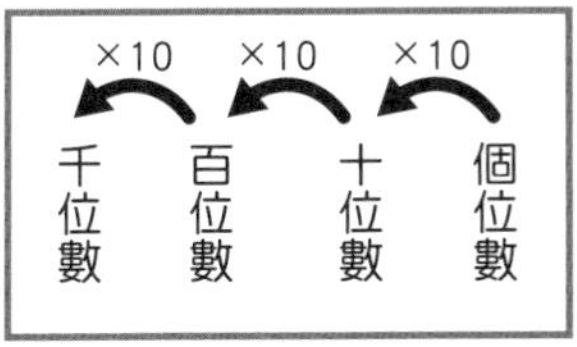

×10 ×10 ×10
千位數
百位數
十位數
個位數

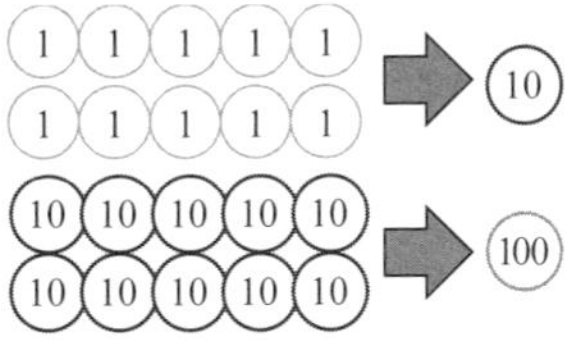

1 1 1 1 1 1 1 1 1 1 → 10
10 10 10 10 10 10 10 10 10 10 → 100

×60 ×60
時
分
秒
60秒 → 1分鐘
60分鐘 → 1小時

沒有0的年代

巴比倫的0代表「該位為無」之意

從0到9的數字中，人類發現（發明）「0」是在其他數字被發明的很久以後，在此之前是沒有0的。話說回來，將「1045元」寫成「145元」可是很大的錯誤。各位知道沒有0的世界是什麼樣子嗎？

巴比倫使用楔形文字，這是混合十進位制與六十進位制的位值記數法。六十進位制是以60為基數進位，1與60雖為相同符號，但以空格表示空出來的位數，方便區分。

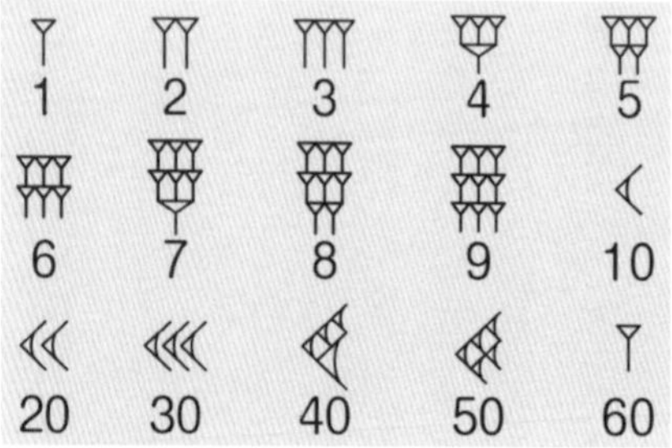

▲**楔形文字**　由於以60為基數進位，因此1與60為相同符號。

十進位制中，十位的下一位是百位；以十進位制表達60進位時，60位的下一位會是3600（60個60）。舉例來說，以數字書寫三千六百零一時寫成「3601」，十位會寫0。然而，在六十進位制，3601即在「3600位」是1、在「60位」是0、在「1位數」是1，60位什麼都沒有。由於沒有0，因此在60位以空白表示。這個寫法容易讓人解讀錯誤，後來衍生出以兩條斜線取代空白，告訴大家「這個位數為無」。這個符號是0的起源。不過，當初是為了填補空白才想出這個符號，並不是各位現在計算時使用的數字「0」。

十進位制	3601			61	
六十進位制	3600位	60位	1位	60位	1位
	1	0	1	1	1

▲**六十進位制**　在使用兩條斜線的符號之前，「3601」與「61」在楔形文字六十進位制中為相同寫法。

古希臘記數法
阿提卡數字與希臘數字

古希臘有一種數字書寫法稱為阿提卡數字，1到4是以豎向的棒子表示，5是用希臘語中代表5的「πέντε」字首「Γ」（pi）。10是用希臘語中代表10的「Δέκα」字首「Δ」（delta）。100是用希臘語中代表100的「εκατό」字首「H」（eta）。1000是「X」（chilioi）、10000是「M」（myrias）。這類組合文字的表達方式到了古希臘後期，開始用不同文字表示各數字，發展出希臘數字。

阿拉伯數字	阿提卡數字	希臘數字
1	I	α'
2	II	β'
3	III	γ'
4	IIII	δ'
5	Γ	ε'
6	ΓI	F'
7	ΓII	ς'
8	ΓIII	η'
9	ΓIIII	θ'
10	Δ	ι'
100	H	ρ'

▲**阿提卡數字與希臘數字**　希臘人使用這兩種數字。

古羅馬記數法
仍運用在現今的時鐘表面

接著我們來看看古羅馬（現在的義大利）使用的羅馬數字。我們現在仍然能在時鐘的鐘面上看得到羅馬數字。

阿拉伯數字	羅馬數字
1	I
2	II
3	III
4	IV
5	V
6	VI
7	VII
8	VIII
9	IX
10	X
50	L
100	C
500	D
1000	M

▲**羅馬數字**　IV代表「5－1＝4」、VI代表「5＋1＝6」之意。

1是I、5是V、10是X。在羅馬數字中，4是「5減去1」，以IV表示。同樣的，9是「10減去1」，以IX表示。40是「50減10」，以XL表示。90是「100減10」，以XC表示。那麼，羅馬數字「CCCXIV」是哪個數字呢？正確答案是「314」。計算時還是使用0到9的數字比較簡單呢！

C	C	C	X	IV	
100	100	100	10	4	→ 314

▲3×100＋1×10＋4×1＝314

人類如何發現代表「無」的0？

印度人想出來的符號 成為全球通用的0的起源

有人認為數字0是人類最大的發現（發明）。現在常用的1、2、3等是阿拉伯數字。印度人想出的數字在八世紀左右傳入阿拉伯，成為全球通用的阿拉伯數字原型。

巴比倫人以兩條斜線表示「該位數為無」，古希臘使用O（Omicron）這個符號。不過，

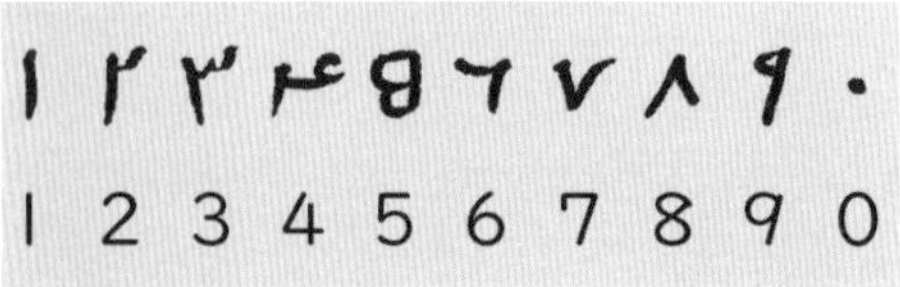

▲11 世紀的東方阿拉伯數字（上）與現在的阿拉伯數字（下） 阿拉伯數字從 15 世紀普及全球，使用至今。

都沒有像其他數字一樣，將0當成數字使用。

另一方面，印度在七世紀開始使用數字「0」，代表「沒有（無）」。原本是以點「・」表示0，最初的黑點變成小圓形，逐漸演變出接近現代的0。

代表無的0 用於什麼都沒有的位數

0究竟有什麼意義呢？

假設你要解開下面這個問題：「你有3顆糖，分給了同學3顆後，還剩下幾顆？」將3減掉3，答案就是0。

0是「無」，也就是「什麼都沒有」。用一個數字代表什麼都沒有的位數，真是有意思。

▲表示無的0 印度人以符號「0」表示沒有的位數。

空位的0 表示「該位數什麼都沒有」

0不只是代表「什麼都沒有（無）」，0也是「空格」，表示「該位數什麼都沒有」。以「30」為例，右邊的「0」代表個位數為空位，意思是「個位數什麼都沒有」。

如果只寫「3」而不寫出右邊的「0」，大家就無法分辨這是3還是30。

十位數	個位數

3	0

▲30右邊的0代表「這個位數為無」。

十進位位值制記數法 數字位置代表不同大小

既然0的角色如此重要，為什麼比其他數字還晚被發現？請各位注意數字的寫法。

多虧有0，讓我們平時算數的時候輕鬆許多。在使用0到9這十個符號表示數字的「十進位位值制記數法」中，數字位置是有意義的。舉例來說，79的7是在「十位的7」，因此79的「7」不是7，而是70。

在羅馬數字中，5是V，100是C，1000是M。另外，國字的數字則是以十、百、千、萬、億、兆等表示。若是要用10個「十」，也就是「十十十十十十十十十十」來表示100，書寫起來太麻煩，但只要寫「百」就輕鬆多了。

不過，這個寫法必須記住許多可做出區隔的符號與國字，又無法對齊數字的位數，不適合用於計算。阿拉伯數字最方便的地方，就是只靠0到9這十個符號與書寫位置，就能夠表示任何數字。由於這個緣故，筆算時可以對齊位數，十分方便。

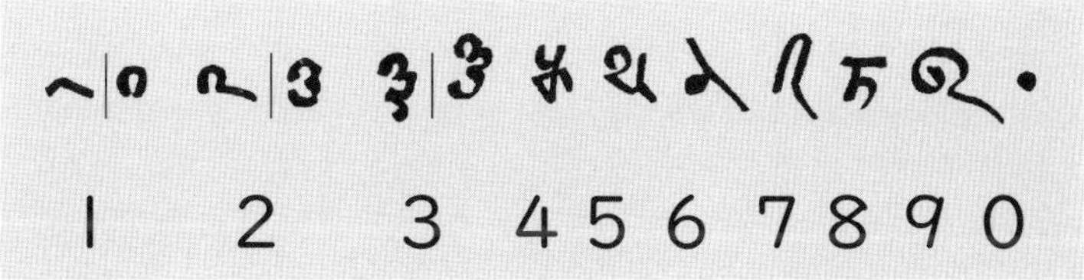

▲0的起源　這是3～4世紀古印度常用的符號。這個符號不是數字0。

算式中有0的計算規則

0的計算規則

在發現數字0之後，人類不只用手指頭數數，還採用十進位位值制記數法計算數字。

首先思考加法題。有個杯子裝了1公升的水，在這個杯子旁邊放個空杯（0公升），不會改變整體水量。換句話說，1＋0＝1這個算式成立。同樣的，2＋0＝2、3＋0＝3也成立。

接著來思考乘法題。「2有3個」可以用2×3表示。因此，當有2個空杯（0公升）時，整體水量還是空的（0）。亦即0×2＝0這個算式規則成立。同樣的，0×3＝0也成立。無論有幾個空杯都沒有水。

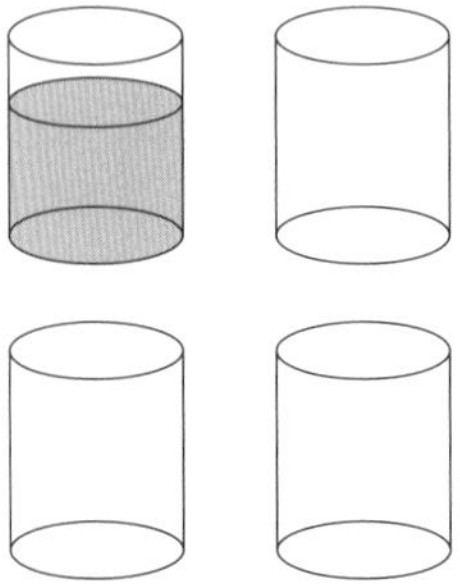

1＋0＝1

0＋1＝1

0×2＝0

2×0＝0

▲這兩個算式互通：1＋0＝0＋1＝1、0×2＝2×0＝0

小知識

花拉子米與婆羅摩笈多

花拉子米（al-Khwarizmi）是活躍於九世紀的波斯數學家。他想出0的運算規則，並因此聲名大噪。他的著作還被翻譯成拉丁文，傳入歐洲。演算法（Algorism）就是取自他的名字。

▲花拉子米（約西元780～850年）

婆羅摩笈多是聞名於七世紀的印度數學家。他所撰寫的《婆羅摩歷算書》十分接近現代的想法，書中也闡述了數字0的概念。

影像來源／ms via Wikimedia commons

四次元疊疊屋

超強數學幸運槍Q&A

Q 日本下次能看到月亮遮住太陽中心只露出邊緣，看起來像發光戒指的「金環日食」是何時？

※揮～ ※倒

※砰咚、咚砰

※咚咚、砰乓

A 二〇三〇年。專家說北海道幾乎所有地方都能看到。

ズシーン
ドド
大雄!!
不可以在二樓吵鬧。
真是的，搞得都是灰塵……
不准再玩了!!
難得想到有趣的遊戲……
好想繼續玩喔。
對了！因為在二樓玩，才會被罵。
那我們到三樓去吧！
咦……我家哪有三樓啊？
「四次元疊疊屋」。
只要在一樓跟二樓之間放入屋塊，無論是幾樓都能無限加蓋。

カチャ
※放上
グラ
※轟嗡～
這麼一來，我們家就變成三層樓了。
真的嗎？
咦……出現樓梯了。
一樓跟二樓之間，多了這間新房間。
無論在上面怎麼玩，都不會吵到下面。
痛快的玩吧！
ドタ
バタ
※砰咚、咚砰

超強數學幸運槍Q&A

Q 第一個說「地球是圓的」的人是古希臘學者畢達哥拉斯。這是真的嗎？

A

真的。畢達哥拉斯認為宇宙與地球的形狀已發展完成，一定是圓形的。

※噠噠噠、匡匡、咚咚咚、噠噠

好乾淨的房間喔。
因為剛蓋好的嘛。
我出去一下。
不要亂玩疊疊屋喔！你每次亂弄都沒好事。
氣死人了……
被你這麼一說，我就越想胡鬧。
對了!!
多蓋幾間變成公寓吧！
出租公寓
房租
一個月一百圓!!
我要租。
媽媽不喜歡我看漫畫，我要租一間漫畫閱覽室。
歡迎歡迎。

超強數學幸運槍Q&A

Q 十六世紀在日本實施「檢地」（農地測量）的武將是源賴朝。這是真的嗎？

A 假的。十六世紀在日本實施檢地的武將是豐臣秀吉，目的是為了決定當時的稅賦，也就是農作物的年貢量。

超強數學幸運槍Q&A

Q 有一個三角形，其中兩個較大的角分別為58度與32度，請問剩下一個角為幾度？

A 90度。三角形的內角和為180度，180－90（58＋32的和）＝90度。由此可知，這是直角三角形。

米利都的泰利斯成功預言日全食

西元前六世紀，小亞細亞半島（現在的土耳其）發生了戰爭，而且持續很長一段時間。有一天，四周突然變得昏暗，白天變成黑夜。正在戰鬥的士兵覺得這個現象很不吉利，內心惶恐不安，於是丟下武器，戰爭就此結束。

古希臘歷史學家希羅多德的《歷史》一書中，記載了這場戰爭。當時發生「白天變黑夜」的自然現象，就是現在各位熟悉的日全食。相傳古希臘哲學家米利都的泰利斯成功預言了這一次日全食。

▲日全食　米利都的泰利斯成功預言發生在西元前 585 年 5 月 28 日，小亞細亞半島的日全食。

影像提供／ J-BRIDGE/PIXTA

當月亮介入太陽和地球之間，使太陽、月亮和地球在一直線上，就會形成日全食。

米利都的泰利斯年輕時是一名貿易商，經常和不同國家的人士交流。他還去了學問比希臘更發達的埃及，學習許多知識。或許其中就包括與日食相關的紀錄。

沒人知道他是如何成功預言日食，只能猜測他可能是從幾項文獻中發現了日食的「規則」。

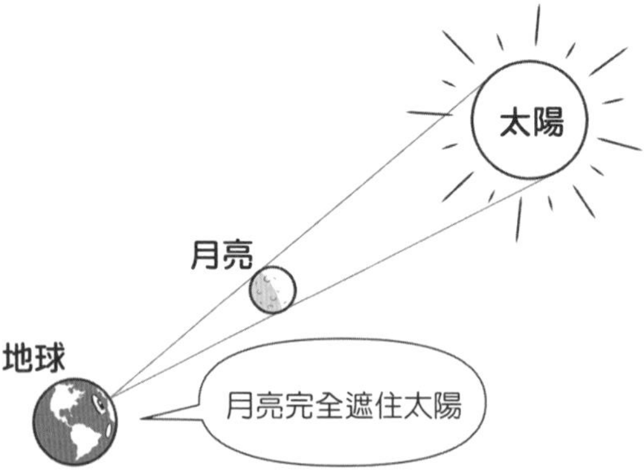
太陽
月亮
地球
月亮完全遮住太陽

▲日全食　當太陽、月亮和地球在一直線上，太陽就會被月亮遮住，完全看不見。

測量金字塔高度

當金字塔高度與影子長度一致的那一刻

米利都的泰利斯年輕時曾經到埃及經商，在埃及的所見所聞讓他大開眼界。有一次，他問埃及人金字塔有多高，卻沒人能回答他。

於是泰利斯決定自己計算。有一天他發現一年中有幾天，雖然時間很短，但在這段時間裡，自己的身高會與影子一樣長。不僅如此，他也發現自己的身體和影子可形成兩邊等長的直角三角形。而且不只是他自己，那段時間只要是在太陽下的所有物體，都會形成兩邊等長的直角三角形。

▲**金字塔**　這是古埃及王（法老）的墳墓。

小知識

等腰直角三角形

泰利斯想像中「兩邊等長的直角三角形」，其實就是等腰直角三角形。

等腰直角三角形的形狀和三角尺一樣，三個角分別為45度、45度與90度。90度的角為直角，夾住直角的兩邊長度一樣長。等腰直角三角形其實也是正方形斜切一半的形狀。

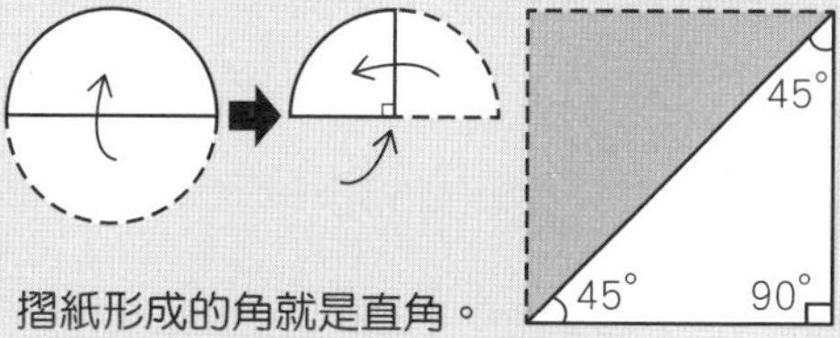

摺紙形成的角就是直角。

泰利斯認為「既然如此，金字塔的高度應該也會跟影子一樣長」，於是想要測量金字塔的影子長度。不過，金字塔不像人體也不像棒子，並非細長形，而是頂端小，逐漸往下擴大的形狀。由於這個緣故，有些地方看得到影子，有些地方的影子會被遮住。泰利斯將看得見部分的長度，與被遮住部分的長度（金字塔底邊的一半長度）相加，求整個影子的長度。這個長度為146・5公尺，因此金字塔的高度也是146・5公尺。

泰利斯的大發現震驚了埃及人。不只是金字塔，這個方法可以測量各種東西的長度。在金字塔建造完成的兩千年後，人們終於在西元前六世紀左右知道金字塔有多高。

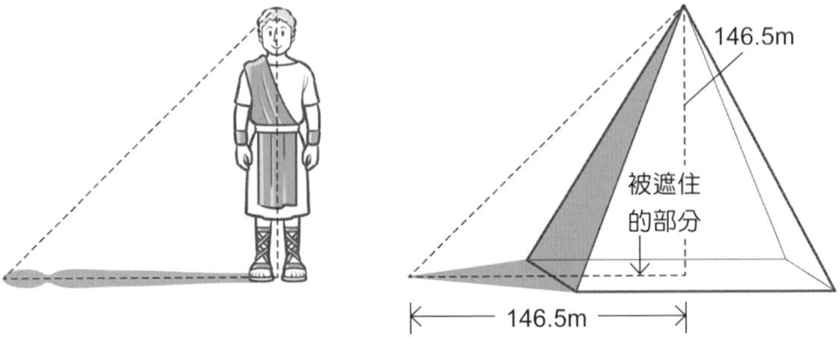

▲金字塔影子長度　金字塔的高度和影子長度（看得見的部分加上被遮住的部分）一樣長。

有人根據泰利斯的想法發展出「相似三角形」的概念。運用此概念，就能利用直角三角形測量出物體長度，不是等腰直角三角形也沒關係。

讓我們用這個方法計算金字塔高度吧！首先，以人的身體和影子畫一個直角三角形，就像泰利斯那個年代一樣，身高與影子不一樣長也可以。接著利用金字塔和其影子，畫一個直角三角形。

由於太陽照射角度相同，兩個三角形的斜邊角度也會相同。雖然大小不同，但兩個三

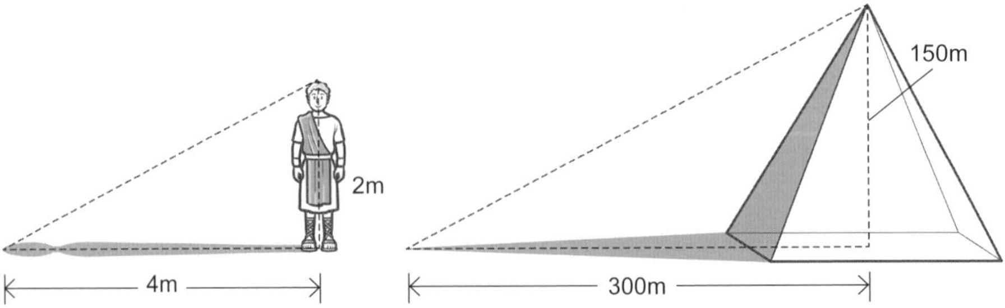

▲相似三角形　兩個直角三角形的斜邊角度相同。由於利用人體和金字塔畫出來的兩個直角三角形很相似，只要知道其中一個的高度，就知道另一個的高度。

角形的形狀是一樣的。也就是說，形狀相同的三角形是「相似」的。這兩個有著相似關係的三角形，各邊長度的相對比例也會相同。總而言之，這兩者是屬於圖形等比放大縮小的關係。

$$\frac{\text{金字塔高度}}{\text{金字塔影子長度}} = \frac{\text{人類身高}}{\text{人影長度}}$$

$$\frac{\text{金字塔高度}}{300} = \frac{2(\text{m})}{4(\text{m})}$$

⬇ 兩邊各乘300

$$\frac{\text{金字塔高度}}{300} \times 300 = \frac{2}{4} \times 300$$

$$\text{金字塔高度} = 150(\text{m})$$

※「比例」的概念請參閱 130 頁。

假設，金字塔影子的長度是300公尺，人類身高為2公尺，人類的影子長度為4公尺。可以如下方的算式，求出金字塔高度。

此算式中，金字塔影子長度與實體高度的比例，和人類影子長度與實際身高的比例相同，可看出兩者互為圖形等比放大縮小的關係。

小知識

古夫金字塔也有黃金比例

位於尼羅河中游吉薩城的古夫金字塔，是埃及金字塔中最大的一座。使用 230 萬個平均 2.5 噸的石塊，才完成這座金字塔。

其底面一半的長度為 115 公尺，斜面長度為 185 公尺。斜面長度約為底面一半長度的 1.6 倍，假設底面一半長度為 1，斜面長度就是 1.6。這就是「黃金比例」，也是我們人類認為最美麗的比例。

許多我們認為美好的事物都是黃金比例，像是護照與名片的長寬比也都是很接近黃金比例。

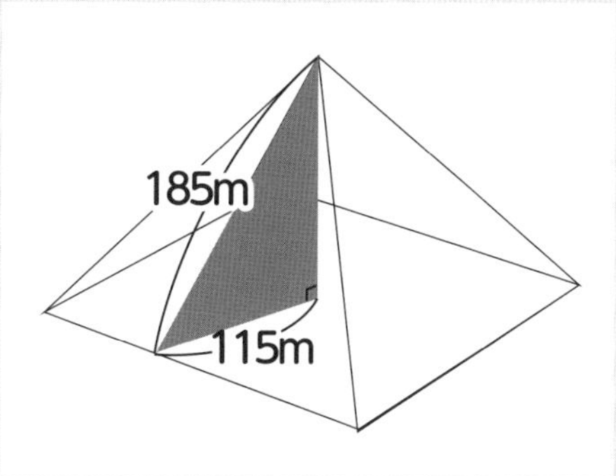

▲**古夫金字塔**　直角三角形的底邊和斜邊（斜面長度）為黃金比例。

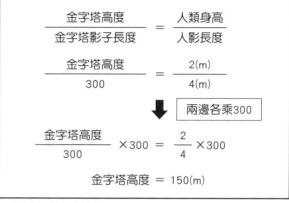

利用直角三角形測量土地的古埃及結繩師

古埃及每年一到夏天，尼羅河就會發生洪災。洪水會淹沒農地，使土地邊界消失。遇到這種情形時，一群稱為「結繩師」的土地測量員，就會使用以相同間隔打12個結的繩子測量土地，重劃土地的邊界線。

結繩師會以打結點為頂點，做出一個各邊分別為3個結、4個結與5個結的直角三角形。接著測量一塊農地可以放入幾個直角三角形，記下該數量。古埃及人知道三角形面積的求法，也知道此直角三角形共有6格方塊大小。有鑑於此，在洪水過後，只要串連符合原有方塊數的三角形，就能重新測出相同面積的土地。

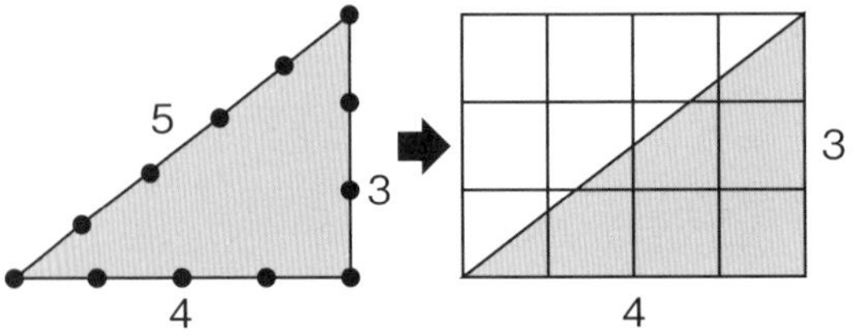

三角形面積

$$\frac{4\times3}{2}=6\text{（格份）}$$

▲測量方式　各邊打結點之間的長度為3個份、4個份、5個份的直角三角形，這是基本形狀。直角三角形的三邊數量還有許多不同組合。

小知識

古希臘最早的哲學家米利都的泰利斯

泰利斯在埃及學到許多知識，可惜當時的埃及人並未深入思考各種知識的來源與成因。泰利斯利用各種方式詳細說明各類知識。

泰利斯測量出金字塔的高度，預言了小亞細亞半島的日食（請參照P.34），受到許多人尊敬。

直至今日，我們仍能從泰利斯身上學到質疑的重要性。更重要的是，只要持續抱持疑問，就能改變世界的看法。

▲米利都的泰利斯（西元前624～546年左右）

影像來源／Wilhelm Meyer via Wikimedia commons

圖表不說謊
第一名當然是靜香……
我們四人之中，第二名是我吧！
你這個笨蛋，第二名是我，你是第三名。
我不會是第四名吧？

超強數學幸運槍Q&A

Q 質數常被用來加密電子郵件之類的訊息。這是真的嗎？

可是，考試的分數都是我比較好啊！
你應該知道我很會猜謎吧！
應該跟猜謎沒有關係。
聰明排名沒什麼大不了的啦。
說到力氣的話，我是第一名。
這沒有爭議。
我是第二名，
靜香是第三名。
我又是第四名啊？
相對的，說到帥氣，我是第一名。
你有沒有照過鏡子啊？第一名是我，你是第二名。
胖虎，你太自戀了吧！
竟然敢說我自戀！
咿～
說到帥氣，我覺得應該是我。
不是嗎？

A 真的。由於質數出現的順序沒有法則可以依循，所以以大質數做成的密碼很難破解。

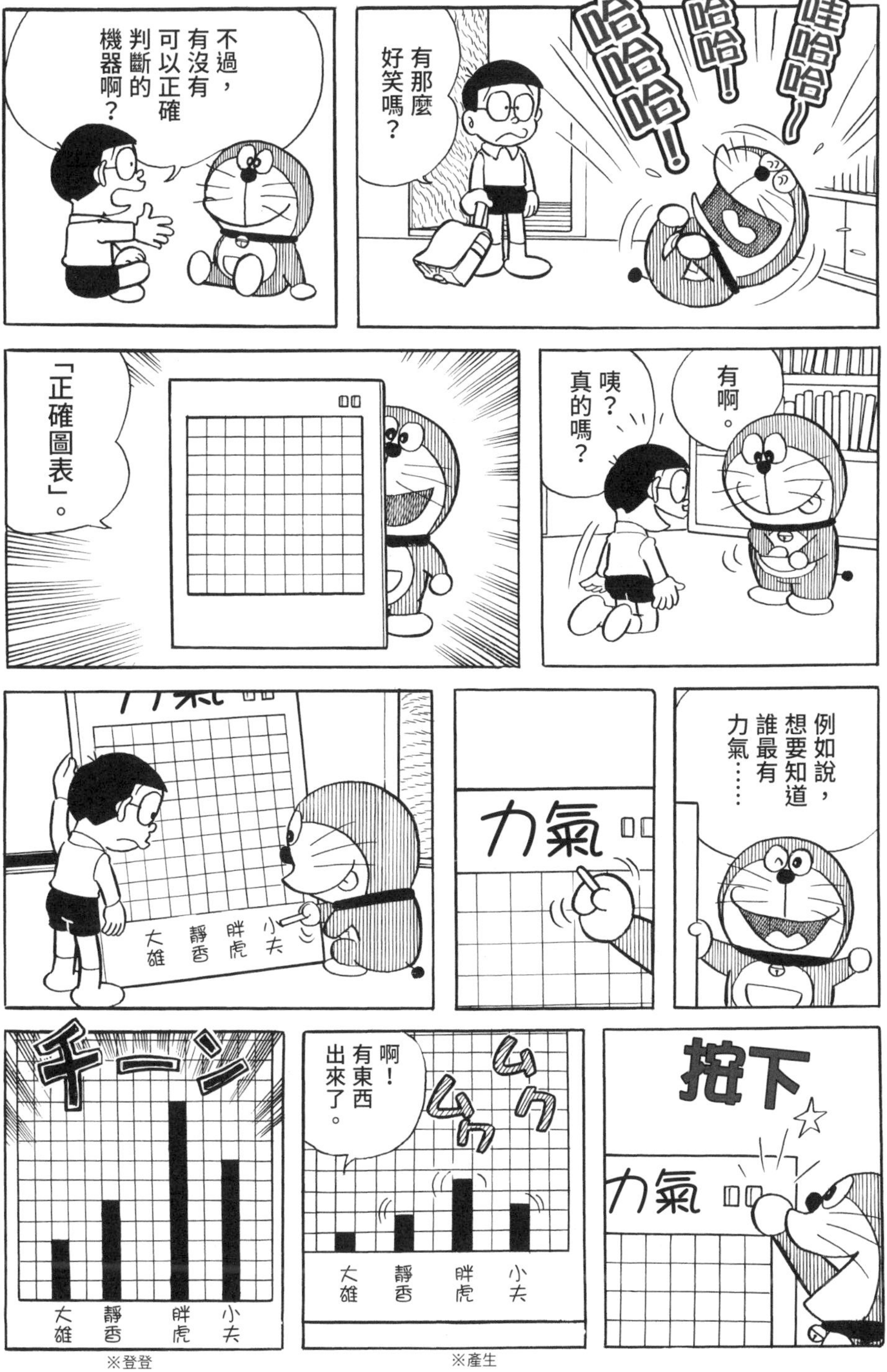

哇哈哈～
哈哈！
哈哈哈！
有那麼好笑嗎？
不過，有沒有可以正確判斷的機器啊？
有啊。
咦？真的嗎？
「正確圖表」。
例如說，想要知道誰最有力氣……
力氣
力氣
小夫
胖虎
靜香
大雄
按下
力氣
ムク
ムク
啊！有東西出來了。
小夫
胖虎
靜香
大雄
チーン
小夫
胖虎
靜香
大雄

※登登

※產生

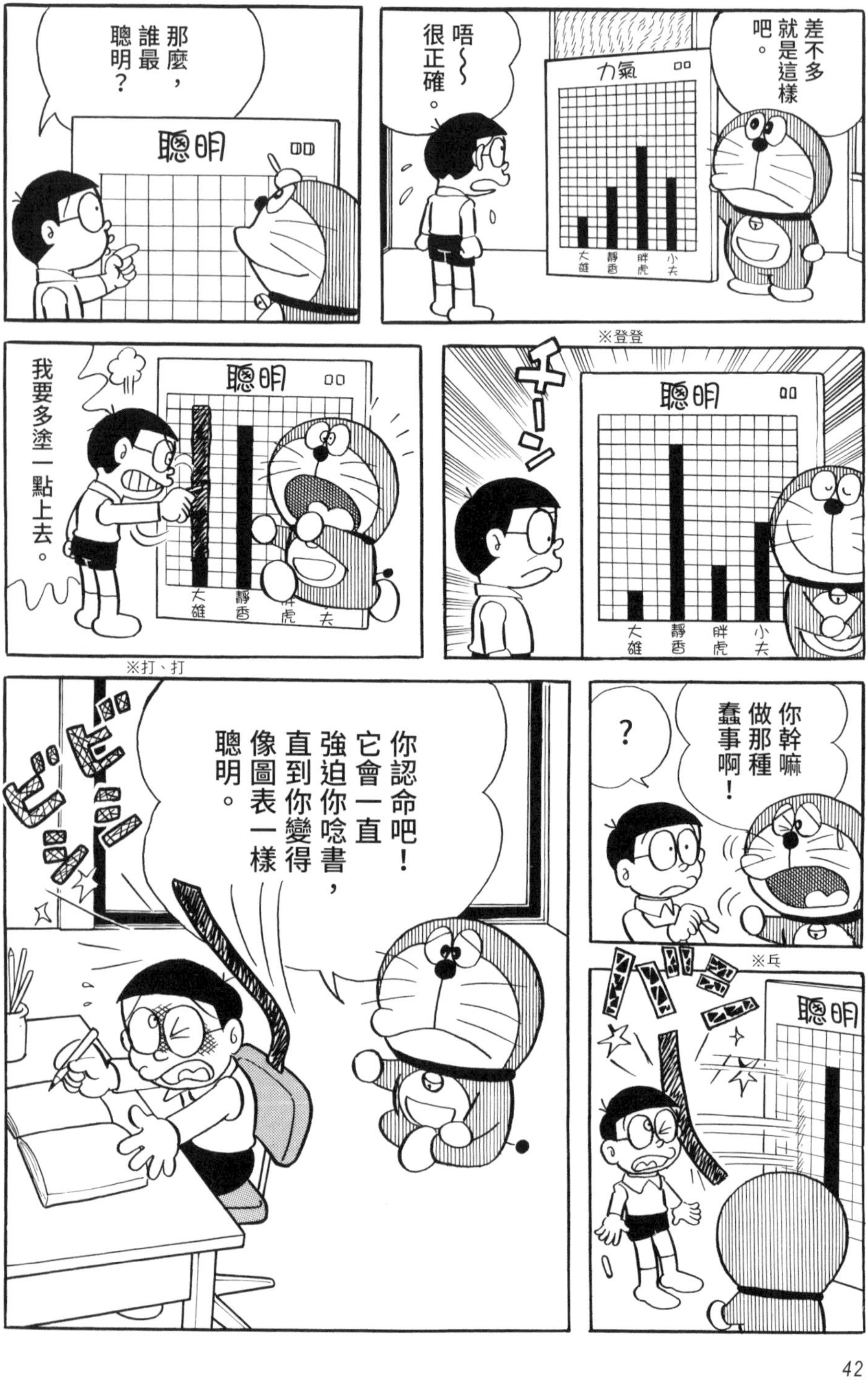
差不多就是這樣吧。
力氣
大雄
靜香
胖虎
小夫
唔~~很正確。
那麼，誰最聰明？
聰明
※登登
聰明
大雄
靜香
胖虎
小夫
我要多塗一點上去。
聰明
大雄
靜香
胖虎
小夫
你幹嘛做那種蠢事啊！
？
※乒
聰明
※打、打
你認命吧！它會一直強迫你唸書，直到你變得像圖表一樣聰明。

第3章　神奇的數學世界

0的意義逐漸普及

作為基準的0與正數、負數

有一輛汽車從作為基準的0往東行駛6公里之後，再迴轉往西開2公里，請問此時汽車在哪個位置？

參閱下圖就能夠知道汽車動向，它在從0往東4公里處。「迴轉行駛」的部分可以用減法來思考。

圖示中將起點0放在中心點，左右兩邊以相同間隔標示1、2、3等數字。看到這條路，一定有人聯想到「尺規」。在道路兩邊標上像尺規那樣的刻度，就能輕鬆掌握汽車動向。

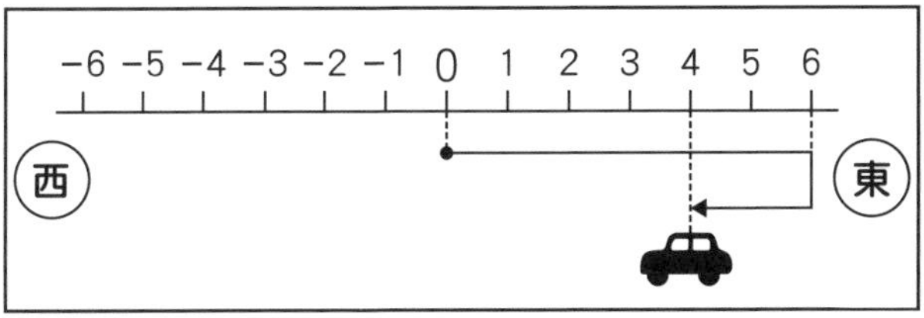

▲數的大小　6－2＝4，由此可知汽車會來到「4」的位置。

▲負數　6－9＝−3，由此可知汽車會來到「−3」的位置。

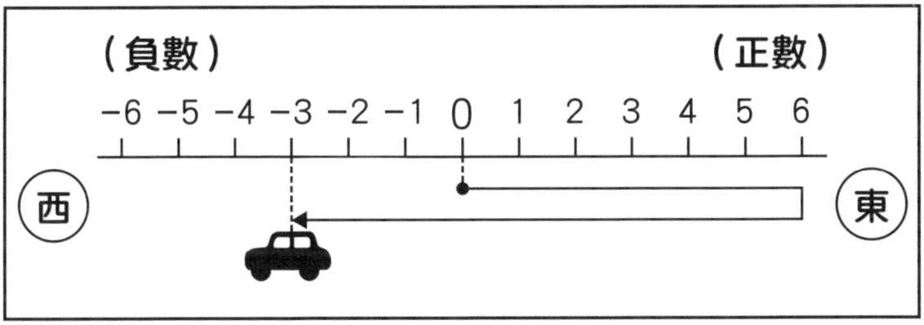

接著一起來思考這一題，汽車從0往東走6公里後，再迴轉往西走9公里，此時汽車在什麼位置？請參閱上方圖示，即可得知汽車位於從0往西3公里處，也就是圖示標示著「−3」的位置。

在解開算數和數學題時，利用這類有刻度的直線，就能夠協助輕鬆的思考。這類直線稱為「數線」，位於基準0右邊的是「正數」，位於左邊的是「負數」。0不是正數，也不是負數。

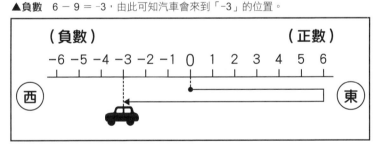

以直線表示數的數線與比較數字大小的方法

正數「1、2、3、4……」是我們人類最初數數時使用的數字，這些數（正數）稱為「自然數」。另一方面，……3、2、1、0、−1、−2、−3……等全部稱為「整數」。

如上圖所示，把整數標示在數線上會是這樣。以0為基準，往右為正數，往左為負數；越往右的正數越大，越往左的負數越小。小數與分數也包含在數線裡。

負數的符號「−」也帶有「減」、「消除」的意思。「−4」是一個數，此時的「−」是性質符號。例如：7−4＝3，當中的−4表示減掉4。負數在中國古代常用於計算金錢收支，相傳這是負數的由來。自從人類開始使用負數之後，我們可以自由的計算加法和減法。

小知識　與數線概念相同的溫度計

溫度計就是在數線上下畫出刻度的用品。舉例來說，比0度高7度的溫度是「+7℃」，讀音為「正7度」。比0度低3度的溫度是「−3℃」，讀音為「負3度」。

溫度計正是以基準0為邊界，朝相反方向分別展開1、2……與−1、−2……等刻度。不過，溫度計並非無限延伸的數線，只有顯示特定刻度。

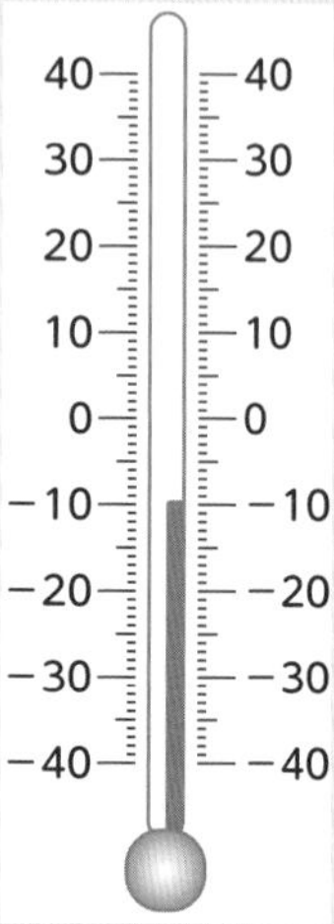

40
30
20
10
0
−10
−20
−30
−40

▲溫度計（−10℃）

▲數線　在基準0的左右兩邊以相同間隔畫上刻度，越往右數字越大，越往左數字越小。

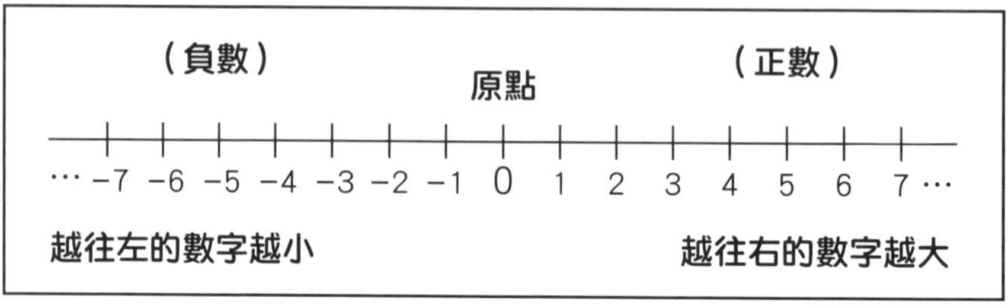

（負數）
原點
（正數）
… −7 −6 −5 −4 −3 −2 −1 0 1 2 3 4 5 6 7 …
越往左的數字越小
越往右的數字越大

偶數與奇數

2可以整除的數為偶數 2不能整除的數為奇數

整數又分成2可以整除的數為「偶數」，2不能整除的數為「奇數」。

如果把0考慮進去，0也是偶數。若從0開始，往前往後隔一個數的數字為：

-6、-4、-2、0、2、4、6……等偶數。

偶數之間的數則是：

-5、-3、-1、0、1、3、5……等奇數。

整數的數列可以說是偶數與奇數無止盡不斷循環的數列。

偶數與奇數組合出加法原則

如下表所示，偶數與奇數的加法運算有其原則。為什麼會這樣？各位不妨想一想。

奇偶數的加法規律

①偶數＋偶數＝偶數

②奇數＋奇數＝偶數

③奇數＋偶數＝奇數

④偶數＋奇數＝奇數

在①「偶數＋偶數＝偶數」的算式中，無論加幾個偶數，答案一定是偶數。例如6＋4＋8＋10＝28（偶數）。

不過，在②「奇數＋奇數＝偶數」的算式中，奇數的數量可以影響答案為奇數還是偶數。若相加的奇數有偶數個，答案就是偶數；若為奇數個，答案就是奇數。

例如奇數有4個→7＋3＋9＋11＝30（偶數）。

例如奇數有3個→9＋1＋13＝23（奇數）。

擁有神奇性質的質數

神奇的質數可說是奧妙無窮的「神之密碼」

「質數」指的是比1大的整數，而且是只能被1和該數本身整除的數。可以用乘法形式表示的數，以乘法表示6為例，可以是「1×6」，也可以是「2×3」。1、2、3、6就是6的「因數」。也就是說6除了可以被1和6整除之外，也能被2、3整除。因此，6不是質數。

以乘法表示5與7，會是「1×5」、「1×7」，各只有一種表示法。因此，5與7是質數。質數有2個因數，1只有1個因數，因此1不是質數。下表是1到100之間的所有質數。

最小的質數是2，而且所有質數只有2是偶數，其他的質數都是奇數。

比1大且不是質數的數稱為「合數」。因此，1也不是合數。合數是除了1與該數本身之外，還有其他因數的數。例如4的因數為1、2、4，而8的因數為1、2、4、8。

此外，所有的合數都可以用2個以上的質數乘法表示。例如6為「2×3」、30為「2×3×5」。

總之，合數指的是可由幾個質數整除的數。質數有無窮多個，不過，人們至今尚未發現求質數的公式。質數就是如此神祕的數。

1	2	3	4	5	6	7	8	9	10
11	12	13	14	15	16	17	18	19	20
21	22	23	24	25	26	27	28	29	30
31	32	33	34	35	36	37	38	39	40
41	42	43	44	45	46	47	48	49	50
51	52	53	54	55	56	57	58	59	60
61	62	63	64	65	66	67	68	69	70
71	72	73	74	75	76	77	78	79	80
81	82	83	84	85	86	87	88	89	90
91	92	93	94	95	96	97	98	99	100

▲1到100之間的所有質數　有底色的數字就是質數。

每13或17年就會大爆發的質數蟬週期

美國有一種蟬被稱為「質數蟬」，因為每13年或17年就會大爆發一次。13與17都是質數。其幼蟲時期比其他蟬還久，生活在地底，只在第13年或第17年出現在陸地上。據說質數蟬只在質數週期現身陸地，是為了躲避雞和蜥蜴等天敵，避免和牠們在同一時間出現在同一個地方。

舉例來說，假設某天敵的爆發期是2年一次，質數蟬是每13年爆發一次，兩者每26年才會同時大量繁殖。若是每3年一次大爆發的天敵，就要等到39年的倍數才會同時出現。每4年出現一次的天敵，則要相隔52年才會碰頭。由此可見，只在質數週期現身陸地，可以有效躲避天敵攻擊。

▲質數蟬（週期蟬） 棲息於美國東部。

影像提供／rik/PIXTA

小知識

歐幾里得證實質數有無窮多個

古希臘數學家歐幾里得在其著作《幾何原本》中，提到「質數有無窮多個」。以下是歐幾里得的想法：

假設質數是有限的，而且最大的質數為P，試著將所有質數相乘。

$2\times3\times5\times\cdots\cdots\times P=A$

以Q表示 $A+1$

即 $Q=A+1$

若Q為質數，Q比2到P之間的所有質數還大，「最大的質數就是Q」。可是，剛剛已經假設「最大的質數為P」，因此產生矛盾。另一方面，若Q不是質數（合數），Q至少可以被不是1，也不是Q的質數整除。但實際上，若用2到P之間的所有質數來除，一定會餘1，此時便產生Q既是質數也非質數的矛盾。有鑑於此，質數並非有限，而是有無窮多個。

各位是不是覺得有些艱澀難懂？質數的研究早在兩千多年前就開始，至今仍未停止。

數學家的夢想 求質數的公式是否存在？

目前已經知道質數有無窮多個，但在無窮盡的自然數中，質數是否依循某個原則出現呢？

2、3、5、7、11、13、17……

這些數看似不規則的出現，但要找到因數只有「1和該數本身」的數，數字越大就越難找到。參閱1到100的質數表就會發現數字越大，質數出現的機率就越難預測。會不會越來越少，到最後就沒有了呢？可是，歐幾里得又說「質數有無窮多個」。因此對於許多數學家來說，發現求質數的公式可以說是一生的夢想。

▲歐幾里得（西元前300年左右）
他寫的《幾何原本》總共有13卷。
影像來源／Bibliothèque municipale de Lyon

至今已發現51個梅森質數

目前已經有好幾個質數可以用同一個算式求出，其中最有名的算式就是「梅森質數」。法國數學家馬蘭・梅森猜想「2乘幾次之後減1就會形成質數」的法則，進而找出3、7、31等梅森質數。

不過，2乘11次後減1，得到2047，這個數並非質數。因為2047可以用「1×2047」與「23×89」表示，屬於合數。有鑑於此，梅森發現的公式並不是能夠找出質數的正確公式。

2×2-1＝3（質數）

2×2×2-1＝7（質數）

2×2×2×2×2-1＝31（質數）

2×2×2×2×2×2×2-1＝127（質數）

2×2×2×2×2×2×2×2×2×2×2×2×2-1＝8191（質數）

▲梅森質數　至今已發現51個梅森質數，最大的高達2486萬2048位數。

埃拉托斯特尼的質數篩

人類至今尚未發現能夠準確找出質數的公式，不過，除了計算之外，有沒有其他方法可以從自然數中找到質數？

古希臘數學家埃拉托斯特尼，利用質數的因數有兩個（1與該數本身）的性質，想出消除合數，找到質數的「埃拉托斯特尼篩法」。

步驟1 用○圈起第一個質數2，接著刪除2的所有倍數，例如4（2倍）、6（3倍）等。這些數的因數都有2，因此不是質數。

步驟2 用○圈起第二個質數3，接著刪除3的所有倍數，例如6（2倍）、9（3倍）等。這些數的因數都有3，因此不是質數。

步驟3 用○圈起第三個質數5，接著刪除5的所有倍數，例如10（2倍）、15（3倍）等。

步驟4 用○圈起第四個質數7，接著刪除7的所有倍數，例如14（2倍）、21（3倍）等。

只要像這樣從小的質數依序刪除該數的2倍、3倍等所有倍數，剩下的數就是質數。用「篩子」篩選質數與非質數，就能準確找出質數。不過，若要用這個方法找出大質數，是很費工夫的事情。就算使用電腦，也無法用「篩子」篩選無窮多個數。質數就是如此充滿魅力，讓全世界的數學家著迷不已。

1	2	3	4	5	6	7	8	9	10
11	12	13	14	15	16	17	18	19	20
21	22	23	24	25	26	27	28	29	30
31	32	33	34	35	36	37	38	39	40
41	42	43	44	45	46	47	48	49	50
51	52	53	54	55	56	57	58	59	60
61	62	63	64	65	66	67	68	69	70
71	72	73	74	75	76	77	78	79	80
81	82	83	84	85	86	87	88	89	90
91	92	93	94	95	96	97	98	99	100

▲**步驟1** 用○圈起2，刪除2的倍數。

1	2	3	4	5	6	7	8	9	10
11	12	13	14	15	16	17	18	19	20
21	22	23	24	25	26	27	28	29	30
31	32	33	34	35	36	37	38	39	40
41	42	43	44	45	46	47	48	49	50
51	52	53	54	55	56	57	58	59	60
61	62	63	64	65	66	67	68	69	70
71	72	73	74	75	76	77	78	79	80
81	82	83	84	85	86	87	88	89	90
91	92	93	94	95	96	97	98	99	100

▲**步驟2～4** 用○圈起3、5、7，刪除它們的倍數。

重力控制儀

※怒火中燒
イラ イラ
ピリ ピリ
我這次一定會好好讀書的，不要丟我的漫畫啦。
算了啦，大雄都已經深刻反省了……
請你不要多嘴!!
有鬍鬚就比較了不起嗎？

難得星期日不要躺著沒事幹，幫忙做點家事吧!!
哇啊，真是難得。
ズ
※吸~
媽媽為什麼這麼暴躁啊？
對啊，她這陣子心情很不好。
真傷腦筋。
哆啦A夢想想辦法吧。
我能怎麼辦……？女生的心理我又不清楚。
所以才來找我商量？
為了家裡的和平，
請你務必幫忙。

超強數學幸運槍Q&A

Q 日本人點數神祇數量時使用哪個單位？①人 ②柱 ③本

※煩躁
ボヤ〜〜
臉色好差喔。
媽媽最近好像沒什麼食慾。
到今天已經一星期了，差不多有成效了吧。
※小心翼翼
ソロリ
ソロリ
天啊！多了五百公克!!
我知道了！原來是在減肥。
減肥？
在意自己太胖，故意不吃飯。但是因為肚子餓，所以心情不好。
真是麻煩。
我不覺得媽媽太胖啊……
可是本人覺得如此啊，也沒辦法。
「重力控制儀」。

A ②柱。以一柱、二柱作為神祇的數量單位。房子正中央，直徑特別粗的柱子稱為「大黑柱」，日本人認為樹木裡有神明居住。

透過旋鈕中間的鏡頭，邊看邊按鈕，可以改變重量。一格一公斤，正的數字是增加……
負的數字是減少。
謝謝你。
馬上來幫媽媽減重。
等等……
體重突然變輕，媽媽一定會懷疑。
「普通的巧克力」。
チョコ
這是減肥巧克力，吃一顆減輕一公斤。
有這麼好的事嗎……？我不相信。
到現在為止吃了不少減肥食品，都失敗了……
還是不肯吃。
吃一顆看看吧。

超強數學幸運槍Q&A

Q 歐洲慣用的長度單位英呎，起源於腳的尺寸。這是真的嗎？

一顆就調整負一公斤……
カーチ
※喀嚓
ソロリ
ソロリ
※小心翼翼
少了一公斤耶!!
恭喜!!
還有很多巧克力，以後媽媽可以安心吃飯了。
好好吃！好幸福……
可以放心了。
是嗎？那太好了！
可以好好看漫畫了。
喂，大雄!!去打棒球吧！快出來。

A 真的。英呎原文為foot，原本是以腳尖到腳跟的長度為基準，現在1英呎約為30公分。

我一定又失誤、又被三振，然後被胖虎修理……
我會想辦法，你不要擔心。
我終於瘦了一公斤。
你本來就很苗條了。
像我，好不容易才瘦了七公斤……
哇，七公斤!?
再吃七顆，合計八公斤……
完全沒減輕!!
耶！漂亮的安打!!
我們還有再見安打的機會!!打者是誰？

超強數學幸運槍Q&A

Q 日本常用來表示大數字的單位中，最大的單位是「無量大數」。這是真的嗎？

A 真的。1無量大數等於10的68次方，也就是1的後面有68個0。

是大雄啊!?
你敢被三振，就有你好看的!!
※鏘～
コテン
啊！完了!!
※漂浮
フワ～
真奇怪……?
全壘打!!
大雄！快跑快跑!!
大雄幹得好！太好了!!
我把球變得跟氣球一樣輕。
拿去給靜香看看。
又來了。
我們來玩空中游泳。
？

※咻砰　※喀嚓

超強數學幸運槍Q&A

Q 常用來形容暢銷書的英文「million seller」，指的是賣出幾本以上的書？①十萬本 ②百萬本

A ②百萬本。「million seller」也常用來形容暢銷的音樂CD和遊戲軟體。

大數字與小數字的單位

比萬和億更大的數字單位 不可思議、無量大數究竟是什麼數字？

一、十、百、千、億……這些大家熟知的數字單位中，最大的是哪一個？日本和台灣慣用的數字單位起源於印度，後來由中國傳入。日本江戶時代的著作《塵劫記》記載得很詳細。用數字書寫一億，是1之後有8個0。比億還大的單位有兆、京、垓、秭、穰、溝、澗、正、載、極、恆河沙、阿僧祇、那由他、不可思議以及無量大數。無量大數是1的後面有68個0。

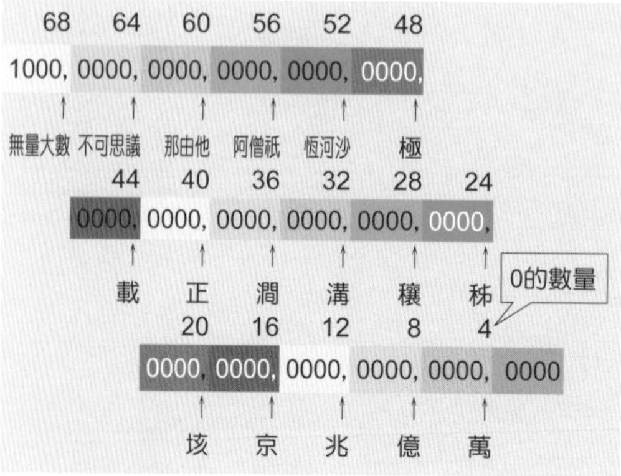
68 64 60 56 52 48
1000, 0000, 0000, 0000, 0000, 0000,
無量大數 不可思議 那由他 阿僧祇 恆河沙 極
44 40 36 32 28 24
0000, 0000, 0000, 0000, 0000, 0000,
載 正 澗 溝 穰 秭
0的數量
20 16 12 8 4
0000, 0000, 0000, 0000, 0000, 0000
垓 京 兆 億 萬

▲大數字的單位　「穰」的意思是「結實累累」，「極」的意思是「到頂了」。

話說回來，大數字單位使用的文字都好難啊！這些字詞來自印度的佛教用語，「恆河沙」指的是「恆河裡的細碎砂石」。「不可思議」則有「沒有更大的、不能測量的數」之意。

英文也有大數字單位。以日文和華文來說，一萬（10000）、一億（100000000）等，1後面的0依單位每4個、4個增加。不過，在英文中0的數量是依單位3個、3個增加。「Million」是100萬（1000000），下一個單位「Billion」是10億（1000000000）。CD賣出100萬張稱為「百萬暢銷專輯（million seller）」，有錢人稱為「百萬富翁（millionare）」、「億萬富翁（billionare）」。

英文的數字單位	大小
Thousand（千）	10^3
Million（百萬）	10^6
Billion（十億）	10^9
Trillion（一兆）	10^{12}
Quadrillion（千兆）	10^{15}
Quintillion（百京）	10^{18}

▲英語使用的數字單位　10^3 的唸法是10的3次方，是1000的意思。

每個位數的名稱都不同 小數字單位

接著來看看小數字單位，每個位數都有不同的的名稱。0.1是分、0.01是釐、0.001是毛、0.0001是糸。各位上數學課的時候，應該聽過「分」與「釐」。日本小學生也常聽到「割」的用法，不過「割」指的是比例，不是單位。糸之後的單位是忽、微、纖、沙、塵、埃、渺、漠、模糊、逡巡、須臾、瞬息、彈指、剎那、六德、虛空、清淨。清淨是小數點後21位數。

小數字單位也是起源於印度，經由中國傳入。「模糊」的意思是「不清不楚」、「剎那」的意思是「短短一瞬間」，可能有人也聽過這些用詞。

0.	0	0	0	0	0	0	0	0	0	0	0	0	0	0	0	0	0	0	0	0	1
	↑	↑	↑	↑	↑	↑	↑	↑	↑	↑	↑	↑	↑	↑	↑	↑	↑	↑	↑	↑	↑
	分	釐	毛	糸	忽	微	纖	沙	塵	埃	渺	漠	模糊	逡巡	須臾	瞬息	彈指	剎那	六德	虛空	清淨

▲小數字的單位 「微」的意思是「極少」，「沙」帶有「水邊細砂」之意。

世界共通的單位系統 國際單位制（SI）

各位應該聽過「公斤kg」、「公分cm」、「分升dL」這些單位吧？我們現在要測量物體長度、重量或時間時，都會使用國際單位制（SI）。全世界許多國家都是使用SI單位。

舉例來說，我們常看到「gram公克」、「meter公尺」前加上「kilo（千）」、「milli（微）」等符號，這些符號稱為「SI前置詞」。只要在單位前加上SI前置詞，即使是極端大或極端小的數字都能輕鬆表示。

SI前置詞	符號	大小
佑	Y	10^{24}
皆	Z	10^{21}
艾	E	10^{18}
拍	P	10^{15}
兆	T	10^{12}
吉	G	10^{9}
百萬	M	10^{6}
千	k	10^{3}
百	h	10^{2}
十	da	10^{1}
分	d	10^{-1}
釐	c	10^{-2}
毫	m	10^{-3}
微	μ	10^{-6}
奈	n	10^{-9}
皮	p	10^{-12}
飛	f	10^{-15}
阿	a	10^{-18}
介	z	10^{-21}
攸	y	10^{-24}

▲SI前置詞 10^{-2}的唸法是10的負2次方，代表0.01之意。

各國皆不同 以前使用的各類單位名稱

日本以前的長度單位是「尺」，英國則是「碼」。尺指的是張開的大拇指與中指指尖的長度，這是從中國傳入日本的長度單位。碼則是張開手臂，從臉部中心到手指指尖的長度，這是以十二世紀英國國王亨利一世的身體尺寸為基準制定的。話說回來，各國的長度單位都不同，每次改朝換代單位長度就會改變，讓當時的人十分困擾。於是十八世紀的法國人民要求政府，統一所有長度單位。

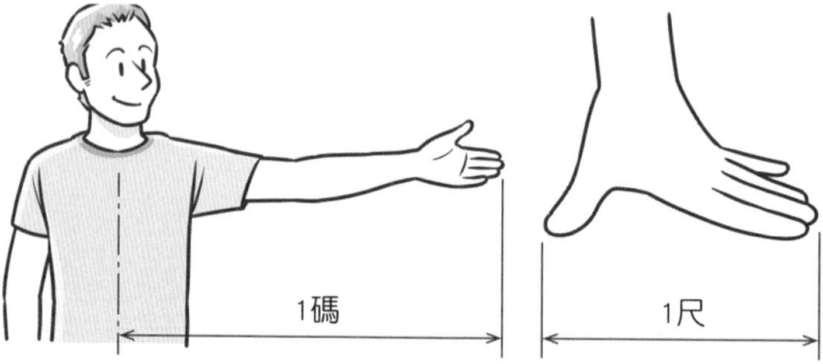

▲碼與尺　雖過去在不同時代與地區，碼與尺代表的長度不同，但現在 1 碼約為 90cm、1 尺約為 30cm。

法國人計算出從地球赤道到北極的距離，將此距離的一千萬分之一定為「一公尺」。如今則以精準的光速為基準，訂定一公尺的長度。

過去各個國家使用的重量單位也不同，包括「噸」、「磅」、「斤」等。法國在十八世紀訂定「一千立方公分質量的水為 1 kg（公斤）」。不過，由於水的體積會因溫度改變，因此訂得更詳細，「一公斤指的是在攝氏 4 度時，一千立方公分的蒸餾水之質量」。這麼訂定的原因是 4 度的水密度最高。砝碼是「公斤原器」，也是過去使用的重量標準，但缺點是會出現細微的質量變化。為了追求精準，現在以「普朗克常數」為基準訂定一公斤的重量。

▲日本公斤原器　以鉑銥合金鑄造的圓柱體。

影像提供／Courtesy of AIST

古代的各種數字

古埃及數字是模擬物體形狀創造出來的

距今約五千年前的古埃及使用象形文字「聖書體」。字形源自於物體形狀，每個位數都有固定文字。個位數是「棒子」、百位數是「繩子」、千位數是「蓮花」、一萬位數是「手指」、十萬位數是「青蛙（蝌蚪）」、百萬位數是「人（神）」（十位數仍眾說紛紜）。

古埃及使用的是十進位制，下圖是以聖書體表示2328的結果。各位也試著寫出各種數字吧！

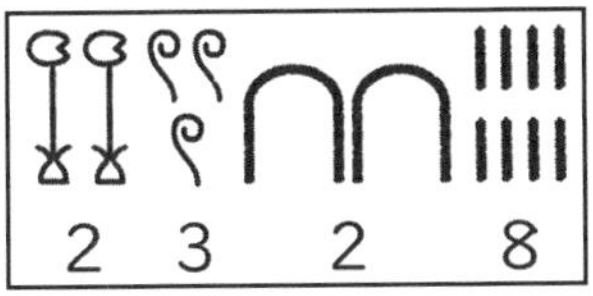
2 3 2 8

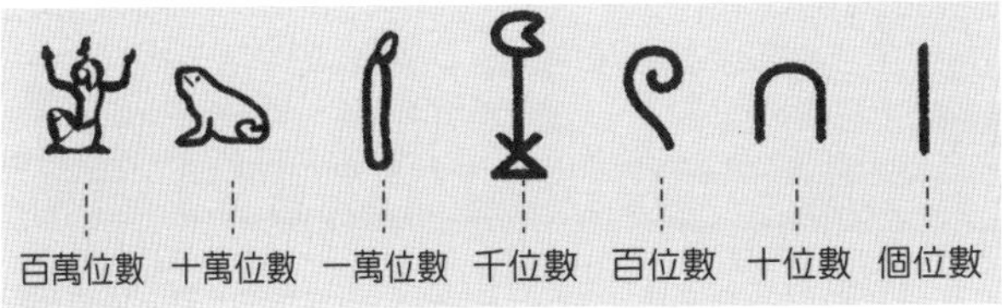
百萬位數
十萬位數
一萬位數
千位數
百位數
十位數
個位數

▲**聖書體**　古埃及人以莎草纖維製造紙張，在上面寫數字。

馬雅文明的數字只用三個符號構成

從西元前一〇〇〇年，馬雅人在現今的墨西哥與瓜地馬拉一帶建立璀璨的馬雅文明。他們在石碑刻上馬雅數字，點點是1、棒子是5、貝殼符號是0。馬雅的記數法只使用這三個符號。當時已經有0的符號，這個貝殼符號代表空格，亦即「此位數什麼都沒有」，與巴比倫的兩條斜線（請參照第二十頁）相同。馬雅使用二十進位制。

下方是以二十進位制的馬雅數字表示27的結果，代表20的點點在最上方，下方則是代表7的兩個點和一根棒子。

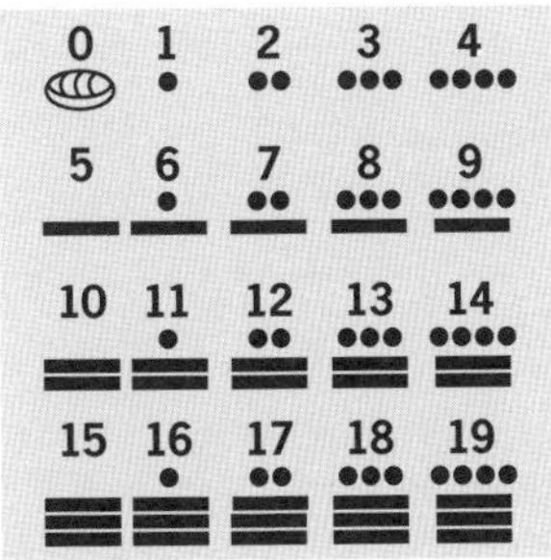
0 1 2 3 4
5 6 7 8 9
10 11 12 13 14
15 16 17 18 19

▲**馬雅數字**　20以上的數字，個位數寫在最下方，每進一位就將符號寫在上方，表示數字。

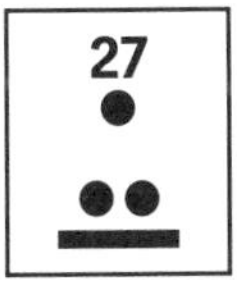
27

從印度擴展至全世界的印度數字與阿拉伯數字

人類第一次發現（發明）代表「無」的數字0，是在七世紀的印度。在此之前，印度人使用什麼數字呢？

在0出現之前，印度數字和其他文明一樣，1到3以棒子數量表示，20與30也有不同文字。後來，印度人開始使用0，西元八世紀從印度傳入阿拉伯，十二世紀時再從阿拉伯傳入歐洲。不過，0的形狀也在此過程中產生些微變化。印度數字在阿拉伯商人推廣至其他國家後，便改名為阿拉伯數字。

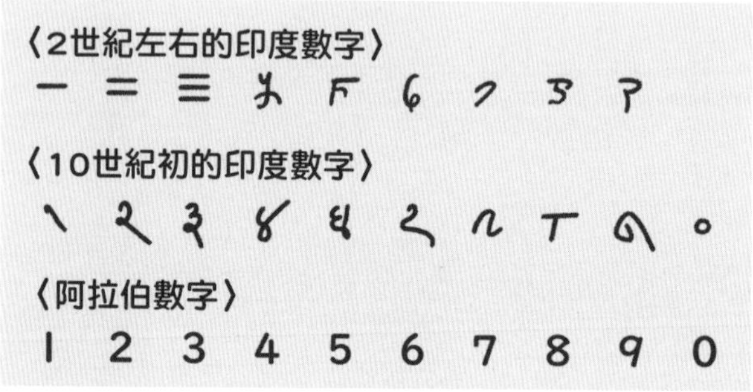
〈2世紀左右的印度數字〉
〈10世紀初的印度數字〉
〈阿拉伯數字〉
1 2 3 4 5 6 7 8 9 0

▲**阿拉伯數字**　2世紀左右的印度數字沒有0，但10世紀初的印度數字有0。

誕生於中國並傳入日本的中文數字

中國古代會在龜殼和牛的肩胛骨上刻字，稱為「甲骨文」。甲骨文是中文字的起源，甲骨文中有許多文字和大家熟悉的中文字很像。甲骨文後來逐漸變形，到了西元前一三〇〇年左右，演變出我們現在使用的中文數字。

舉例來說，如果以文字表示「二萬八千三百四十五」，這當中包括從一到九的數字，以及表示單位的十、百、千、萬等等。

此外，中國古代也使用計算工具「算木」，將表示數字的木棒放在算盤紙上計算。

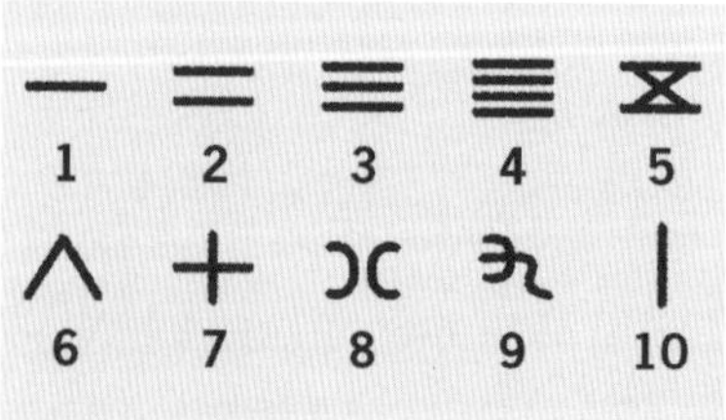
1 2 3 4 5
6 7 8 9 10

▲**甲骨文**　這些寫下占卜結果的文字，成為了中文字的起源。

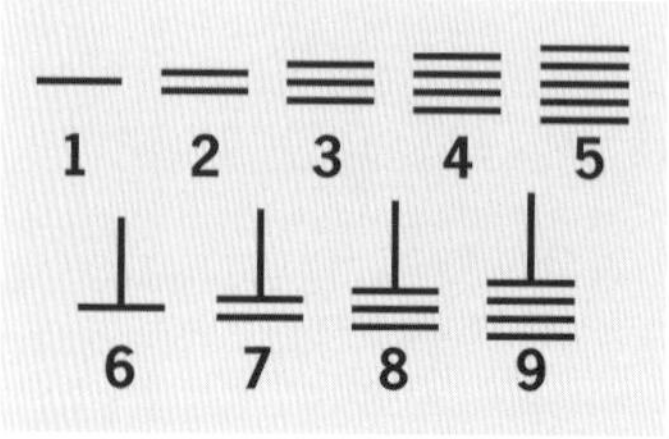
1 2 3 4 5
6 7 8 9

▲**算木（橫式）**　同位數的木棒排在一起表示數字，算木有縱式與橫式。

各種數數法

單位名稱和量詞究竟有什麼差異？

我們數物品數量時會用到量詞，例如一枝鉛筆、兩枝鉛筆，一個橡皮擦、兩個橡皮擦，一張紙、兩張紙等。「枝」、「個」、「張」就是「量詞」。量詞有許多種，據說總共超過五百種。以生物為例，以人類為對象時為「一個人」、「兩個人」，數鳥的時候是「一隻鳥」、「兩隻鳥」，數貓咪或老鼠等小動物時是「一隻貓」、「兩隻老鼠」，數牛或馬大型動物時是「一頭牛」、「兩匹馬」等。量詞代表的是數數對象的形狀與性質。

話說回來，量詞跟「公尺」與「公里」等單位究竟有什麼差異？單位用來表示東西的量與尺寸。舉例來說，表示水量時可用「三百毫升」、「一公升」等說法，但若將一公升的水倒入不同杯子裡，此時就要用量詞，以「一杯水」、「兩杯水」來形容。

以下①～⑥到底有幾個？請加上量詞數數看。

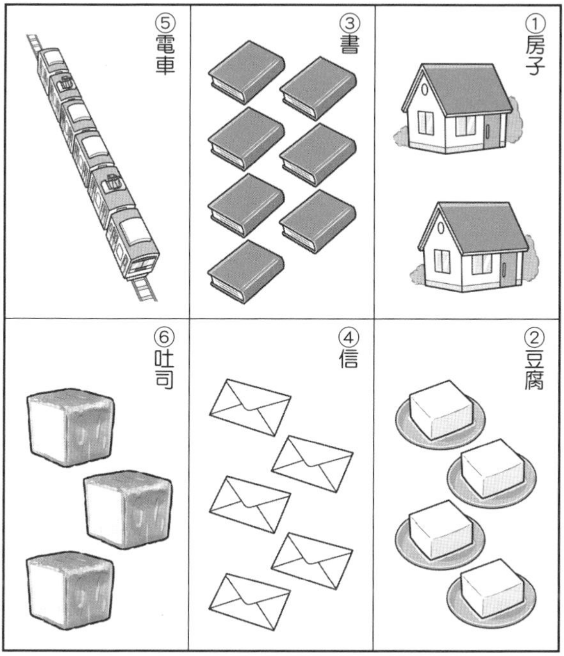

【答案】①「2棟」房子、②「4塊」豆腐、③「7本」書、④「5封」信、⑤「6節」電車、⑥「3條」吐司

手套

反擊

胖虎這個混蛋！
竟然敢打我！
眞是糟糕的反應。
ドド
バタバタ
※拳打腳踢
沒辦法，借你「反擊手套」吧。
※揍
別人對你做的事，它會用三倍反擊回去。
比方說……
ポカ
※揍、揍、揍
ポカ
ポカ
ポカ
很厲害吧？
去找胖虎，
對他報仇。
※摔倒

超強數學幸運槍Q&A

Q 印度小學生要背十二×十二乘法表。這是真的嗎？

A 假的。印度小學生要背的是二十×二十乘法表。日本和台灣背的是九九乘法表，各有優點。

※高舉
ピョコ
哇！住手啊！
ブルウン
※揮動
？
快點躲起來！不然會被反擊的！
到處都找不到爸爸。
ムズ
ムズ
※揮、揮
所以我們出去吧！好嘛？
找到胖虎了。
喂，你再打我一次啊。
我正要去你家向你道歉呢！
回家之後被媽媽罵了。
說我欺負弱小，所以不給我吃飯。
要我雙手伏地，誠心向你道歉。
ペコ
※叩頭

※抖、抖
這種事不需要反擊啦！
※叩頭、叩頭
他不打我的話就沒意義了。
好啊，我就打你吧。
哇！不能打啊！
※乓嘰
所以就叫你不要打嘛！
竟然欺負那麼小的孩子。
哎呀。

超強數學幸運槍Q&A

Q 以下哪一樣物品是黃金比例？①A4紙 ②信用卡 ③明信片

A ②信用卡。長邊與短邊的比例約為一點六倍。

※嘰～
ギュッ
快點逃！
※拳打腳踢
ギュッ
ギュッ
ギュッ
我受夠了啦！
爲什麼都不能順利呢？
大雄。
昨天向你借了十圓，現在還你。
啊，它怎麼拿我的錢包……
爲什麼要給我三十圓？
聽說你會還三倍？
哆啦A夢！救我啊！

利用乘法與除法的倍數和因數概念

若數B為數A的整數位，如1倍、2倍、3倍等等，B為A的倍數。A可以整除B，A為B的因數。

此外，當三個數A、B、C的關係是B＝A×C，A與C是B的因數，B是A與C的倍數。以算式表示12有三種結果：「1×12」、「2×6」、「3×4」。由此可知，12的因數是1、2、3、4、6、12，12也是這些因數的倍數。

注意最小與最大公倍數、公因數

多個數之間有共通的倍數或因數，就稱為「公倍數」、「公因數」。

舉例來說，2的倍數為2、4、6、8、10、12、14……，3的倍數為3、6、9、12、15……，因此，2與3的公倍數為6、12……。公倍數之中，最小的數稱為「最小公倍數」。

此外，12的因數為1、2、3、4、6、12，而18的因數為1、2、3、6、9、18，因此12與18的公因數為1、2、3、6。公因數中，最大的數稱為「最大公因數」。

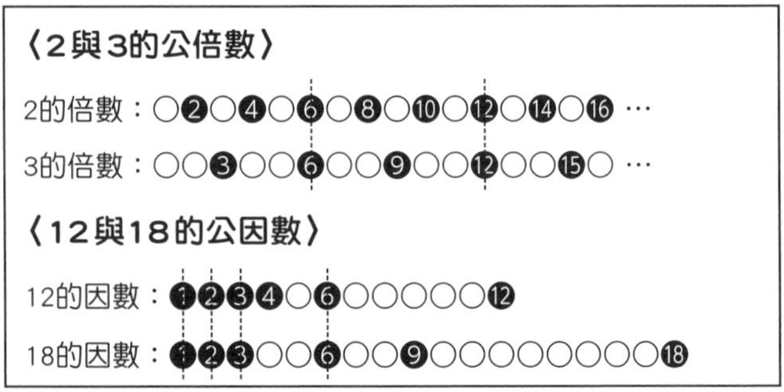

▲公倍數與公因數　由此可知，2與3的最小公倍數為6，12與18的最大公因數也是6。

善用倍數判別法 提升乘法與除法的運算能力

下方的表格是判定2、3、4、5、6、8、9、10倍數的方法。善用此判定法，就很容易找到大數字的倍數。

假設我們要找出87966是哪些數的倍數，這個數的個位數為6，6是2的倍數，因此87966是2的倍數。

接著來看看它是否也是其他數的倍數吧！

各個位數的和是：8＋7＋9＋6＋6＝36。36是3與9的倍數。因此，87966也是3與9的倍數。由此可知，87966是2與3的倍數，也是6的倍數。

2的倍數	個位數為2的倍數
3的倍數	各位數的和為3的倍數
4的倍數	最後2位數為4的倍數
5的倍數	個位數為0或5
6的倍數	是2的倍數也是3的倍數
7的倍數	沒有簡單的判別法
8的倍數	最後3位數為8的倍數
9的倍數	各位數的和為9的倍數
10的倍數	個位數為0

▲倍數判別法　使用判別法可以確定各個數的倍數是什麼。

87966的個位數不是0，也不是5，因此不是5的倍數，也不是10的倍數。此外，最後兩位數是66，無法用4整除；最後三位數是966，無法用8整除。87966÷7也無法整除。綜合上述可知，87966是2、3、6、9的倍數。

學會倍數判別法，就能輕鬆運用在分數的約分運算中。大家也一起來找找各個數字的倍數吧！

神祕的「完全數」究竟是什麼？

4、6、12的因數分別如下：

【4的因數】→1、2、4
【6的因數】→1、2、3、6
【12的因數】→1、2、3、4、6、12

這三個數的因數都有各自的特性，有人發現到了嗎？

以前古希臘人認為每個數都有特殊意義，具有神祕力量。其中最重要的數是「6」。6有四個因數，除了6之外，其他因數為1、2、3，這三個數的和也是6。古希臘人發現6具有如此神祕的特性，因此取名為「完全數」。某數除了本身的其餘所有因數和會等於本身，即為完全數。

「6」可以整除許多數，是很好用的數。例如60分鐘、24小時、30天、12個月、360度等，全是6的倍數。

再以「4」為例，排除4之後，將其他因數相加的和小於4（1＋2＝3）。這類除了本身外之所有因數之和比此數自身小的數，稱為「虧數」。相反的，像「12」這類本身外所有因數之和比原數大者（1＋2＋3＋4＋6＝16），稱為「豐數」。

完全數除了6之外，還有28、496、8128等也是完全數。不過，與虧數和豐數相比，目前已知的完全數很少。數學家也不知道完全數究竟是無限或有限，至今只發現五十一個完全數。

6＝1＋2＋3

28＝1＋2＋4＋7＋14

496＝1＋2＋4＋8＋16＋31＋62＋124＋248

8128＝1＋2＋4＋8＋16＋32＋64＋127＋254＋508＋1016＋2032＋4064

▲**完全數**　除了自身以外的因數總和，恰好等於它本身。

目前已知的完全數全都是偶數。有完全數是奇數嗎？

目前我們都還不確定，唯一可以確定的是，完全數真的很神祕。

小知識

相親數與婚約數

某數除了本身的其餘所有因數和會等於另一個數，反之亦然，則這兩個數稱為「相親數」。220 與 284 這一對就是相親數。

〈220 的因數和〉 1 ＋ 2 ＋ 4 ＋ 5 ＋ 10 ＋ 11 ＋ 20 ＋ 22 ＋ 44 ＋ 55 ＋ 110 ＝ 284

〈284 的因數和〉 1 ＋ 2 ＋ 4 ＋ 71 ＋ 142 ＝ 220

除了這對之外，1184 與 1210、2620 與 2924 也是相親數。

另一方面，除了 1 和本身的其餘所有因數和會等於另一個數，反之亦然，則這兩個數稱為「婚約數」。48 與 75 這一對就是婚約數。48 為偶數，75 為奇數。婚約數源自於古希臘人認為偶數為女性數，奇數為男性數的想法。

以最少字數表達巨大數字的次方數

次方數可以表示大數字

同一個數字自乘多次，如5×5×5，稱為「次方數」。次方數可表示如下：

$7\times7=7^2$

$7\times7\times7=7^3$

$7\times7\times7\times7=7^4$

唸法分別是「7的2次方」、「7的3次方」以及「7的4次方」。

右上方的小字，代表7乘幾次（乘2次、3次和4次），稱為「指數」。

除此之外，二次方為「平方」、三次方為「立方」。面積單位「m^2（平方公尺）」、體積單位「m^3（立方公尺）」，分別表示m（公尺）乘2次或3次。

次方數還有一個特色是「可以輕鬆表示數字」。舉例來說，像68719476736這麼巨大的數字，只要用4^{18}即可表示。此外，第六十七頁介紹的「SI前置詞」也是用次方數表示。寫成10^9比1000000000輕鬆多了。

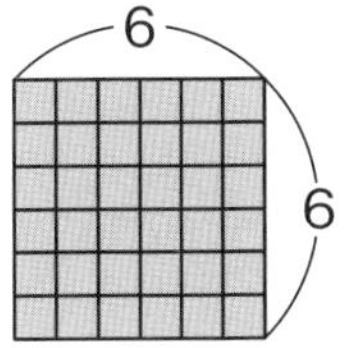

$6\times6=36\rightarrow6^2=36$

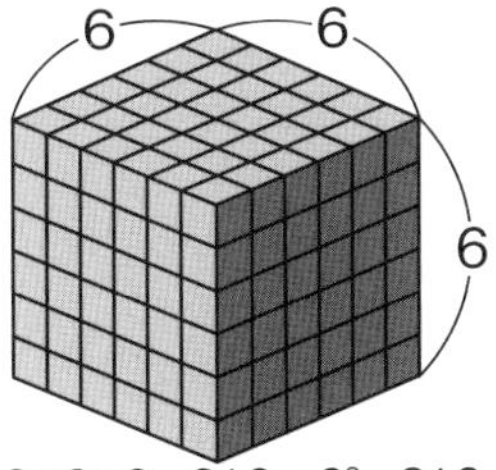

$6\times6\times6=216\rightarrow6^3=216$

▲平方・立方　正方形的面積為6自乘兩次（6^2），立方體的體積是6自乘三次（6^3）。

畢達哥拉斯發現了直角三角形的祕密

古希臘數學家畢達哥拉斯發現了「將直角三角形的各邊當成正方形的其中一邊，畫出正方形。兩條直角邊畫出的正方形面積總和，與最長邊（斜邊）畫出的正方形面積相同」。圖示如下頁。

任一直角三角形，其較短兩邊（股）平方和等於其斜邊平方。此發現也以畢達哥拉斯取名，稱為「畢氏定理」。同一數自乘稱為平方，因此畢氏定理在日本又稱為「三平方定理」。

相傳畢達哥拉斯是受到寺院地板的圖案啟發，才得到靈感。

直角三角形三邊的整數稱為「畢達哥拉斯數」，請各位參閱左圖，「3、4、5」、「5、12、13」等都是知名的畢達哥拉斯數。

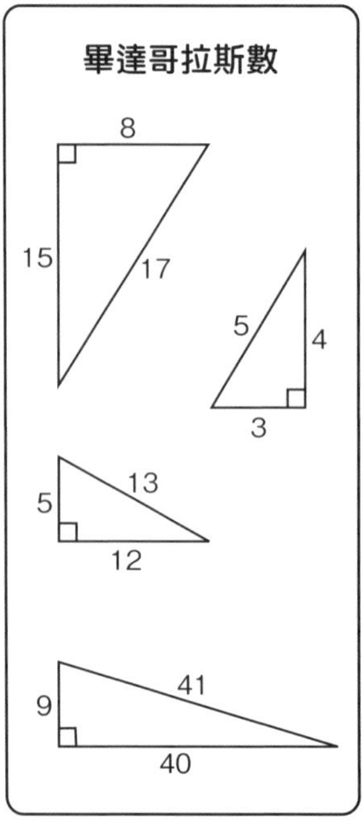

※「畢氏定理」請參閱 P.95 解說。

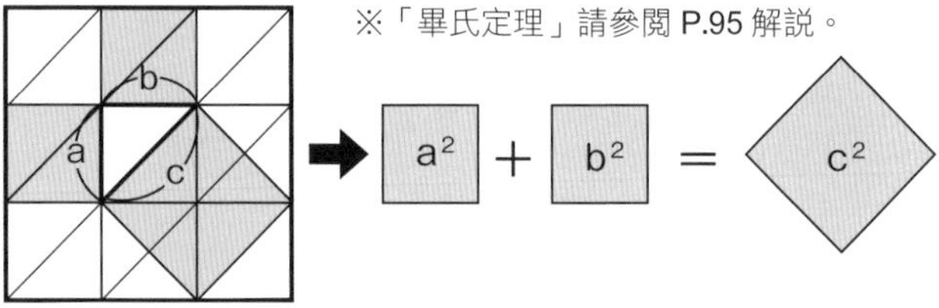

▲**畢氏定理**　直角三角形三邊的關係可用 $a^2 + b^2 = c^2$ 表示。

小知識　老鼠的數目會增加多少呢？ —鼠算—

題目　**一對老鼠夫妻在 1 月生下了 12 隻小老鼠，到了 2 月，包括父母在內，總共有 14 隻老鼠，形成 7 對夫妻。牠們又各自生下 12 隻小老鼠。如此持續下去，請問到了 12 月，總共會有幾隻老鼠？**

1 月有 2 隻，也就是 1 對老鼠夫妻，生下 12 隻小老鼠。

$2 + 12 = 14$（隻）

2 月有 14 隻，也就是 7 對老鼠夫妻，小老鼠則有（$7 \times 12 =$）84 隻。

$14 + 84 = 98$（隻）

3 月有 98 隻，也就是 49 對老鼠夫妻，小老鼠則有（$49 \times 12 =$）588 隻。

$98 + 588 = 686$（隻）

最初有 2 隻 → 2
1 月有 14 隻 → $2 \times 7 = 14$
2 月有 98 隻 → $2 \times 7 \times 7 = 98$
3 月有 686 隻 → $2 \times 7 \times 7 \times 7 = 686$

由此可知，老鼠數量是 7 倍、7 倍、7 倍的增加。因此，12 月的老鼠數量為 $2 \times 7 \times 7 \times 7 \times 7 \times 7 \times 7 \times 7 \times 7 \times 7 \times 7 \times 7 \times 7$，7 要乘 12 次，套用指數，即可以算式 2×7^{12} 表示。答案竟然有 276 億 8257 萬 4402 隻！

不可思議的數列

兔子的繁殖方式有規則可循？費波那契數列

十二到十三世紀時期，義大利數學家費波那契跟著經商的父親，前往現在的阿爾及利亞，在那裡學習阿拉伯數學。後來他寫了一本《算盤書》，將阿拉伯數字（0、1、2、3……）傳入當時還在使用羅馬數字的歐洲。

在那本書裡記載了左邊的這題兔子繁殖問題，各位也一起來思考吧！

剛開始生了一對（公與母）兔子，這對兔子從第二個月起，每個月生一對兔子。假設兔子不死亡，一年後共有幾隻兔子？

剛開始有一對兔子。這對兔子成熟後，第二個月生了一對小兔子，第三個月以後，每個月都生一對小兔子。此外，第二個月出生的小兔子也在第四個月，生了一對小兔子。第五個月以後，每個月都生一對小兔子。這個過程製成表格如下。

兔子的對數呈現1、1、2、3、5、8、13、21、34……的數字增加，仔細觀察這個數列，可以看出將上個月和上上個月的數相加，即可得出下一個數。舉例來說，第五個月的8等於上上個月的3和上個月的5相加。也就是說，只要根據這個規則一直加下去，1年（12個月）後的對數為89＋144＝233。

月	最初	1	2	3	4	5	6	7	8	9	10	11	12
對數	1	1	2	3	5	8	13	21	34	55	89	144	233

①
①
1 ＋ 1 ＝ ②
1 ＋ 2 ＝ ③
2 ＋ 3 ＝ ⑤
3 ＋ 5 ＝ ⑧

▲小兔子在出生兩個月後，每個月出生的對數是上個月和上上個月的出生數總和。第六個月為5＋8＝13，第七個月為8＋13＝21……。

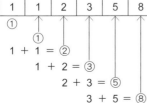

自然界也有費波那契數列

費波那契數列的數沒有止盡，但數的增加方式不穩定，將上兩個數相加來得到下一個數。

可用左圖圖示表示費波那契數列。首先畫出一條線段，將此線段2等分，每一等分為邊長1單位的正方形。接著在另一邊畫邊長2單位的正方形，以下邊為邊長畫邊長3單位的正方形，再沿著直邊畫邊長5單位的正方形……依序畫下去，就會得到下圖般的長方形。接下來以每個正方形的邊長為半徑畫弧線，就會形成漩渦。此漩渦稱為「費波那契螺旋線」。

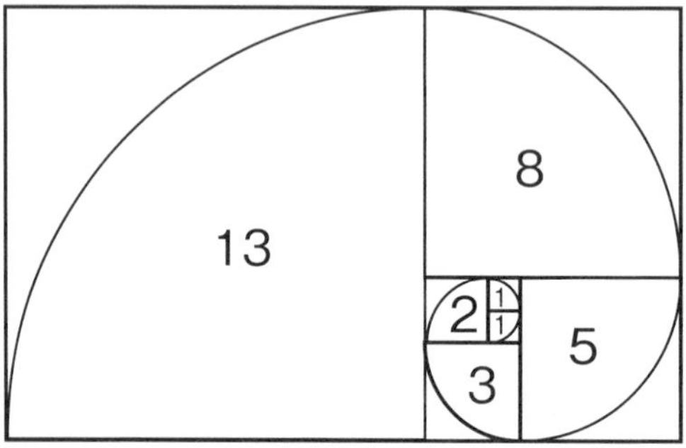

▲費波那契數列與長方形　此長方形的短邊和長邊的比例為 1:1.618。

自然界也可看到費波那契數列，例如向日葵的小花、松毬的果鱗等，它們排列的數都是費波那契數。費波那契數列（請參照刊頭彩頁）真是不可思議。

人類覺得最美的黃金比例

前後兩個費波那契數的比例皆不同，剛開始的第二個數是第一個數的1倍，第三個數是第二個數的2倍，第四個數是第三個數的1．5倍……這個比例會越來越接近1．618倍。使用「1．618」的比例就是黃金比例。舉例來說，創作於古希臘時代的「米羅的維納斯」，從肚臍到腳尖的長度，約為從肚臍到頭頂長度的1．6倍，呈現黃金比例。此外，埃及金字塔和達文西的《蒙娜麗莎的微笑》等許多我們認為美麗的事物，也隱藏著許多黃金比例。

▲米羅的維納斯

美麗雕像中也存在著黃金比例。

影像提供／ Etoiles/PIXTA

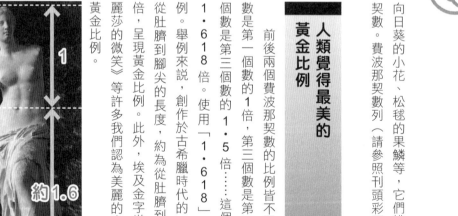

無限的未知世界

所謂無止盡狀態的無限究竟是什麼？

無止盡稱為「無限」，以「∞（無限大）」符號表示。不過，此符號不具有數的作用，無論是「∞＋1」或「∞×10」，結果都是∞。

人類開始挑戰「無限」這個概念，是在距今大約五百年前。當時歐洲人紛紛出國冒險，開啟了大航海時代。人們操作帆船進入一望無際的海洋，在茫茫大海中觀測夜空的星星，以掌握自己的所在位置。因此發展出天文學，人類也積極思考無限的時間與空間。

▲大航海時代 15～17世紀。當時的航海行動可說是賭上性命的嚴峻挑戰。

影像來源／M. Díaz. via Wikimedia Commons

芝諾悖論 阿基里斯與烏龜

各位聽過悖論（paradox）嗎？這個詞語源自於希臘語，指的是有真有假的矛盾命題。古希臘哲學家芝諾就提出一個與無限有關的「阿基里斯與烏龜」悖論。

阿基里斯（下頁圖A）是希臘神話中以腳程快出名的英雄。烏龜（下頁圖B）雖然爬得很慢，但牠只要出發的地方比阿基里斯更接近終點，阿基里斯永遠都追不上烏龜。當阿基里斯在後面追趕，來到烏龜剛剛所在的位置，烏龜早已往前走。等到阿基里斯又追上烏龜之前的位置時，烏龜又往前走了一段路。即使阿基里斯可以接近烏龜，也無法追上牠。

芝諾透過此悖論想要主張「在阿基里斯抵達烏龜剛才的位置時，烏龜早已往前走」的這件事會無限重複。正因為無限重複，這件事不會停止。有鑑於此，阿基里斯永遠追不上烏龜。

事實上，腳程很快的阿基里斯絕對可以追上烏龜，這個悖論一直是數學家的燙手山芋。話說回來，古希臘人認為無限是不好的事情，因此長年以來都沒有數學家深入思考無限這個命題。

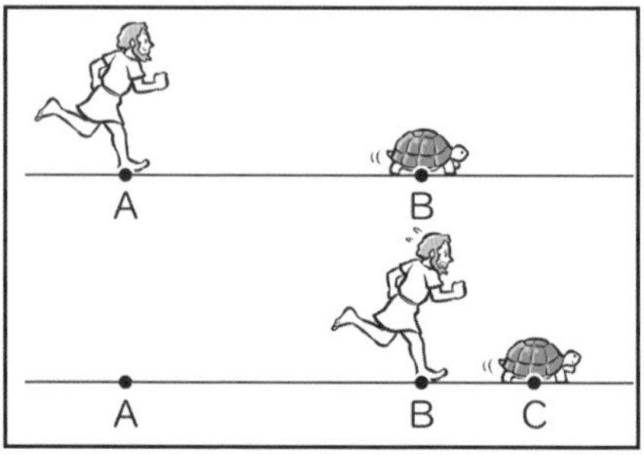

▲阿基里斯與烏龜　阿基里斯永遠追不上烏龜。

明明「客滿」卻能入住？希爾伯特旅館悖論

接著介紹另一個由德國數學家大衛・希爾伯特所提出，與無限集合有關的數學悖論。

假設有一間房間數無限多的旅館，有一天無限多的房客入住這間旅館，使旅館「客滿」。接著來了一名新房客，他一定要入住這間旅館。於是旅館的櫃檯人員要求所有已入住的房客通通往後移一間房，也就是原先住一號房的房客改住二號房，二號房的房客改住三號房，以此類推。於是「一號房」就空出來，可以讓新房客入住。

由於這間旅館有無限多個房間，不需要等待空房。即使多了一名新房客也能應付，以算式表示就是「$\infty + 1 = \infty$」。這就是明明「客滿」還能入住的原因。此悖論稱為「希爾伯特旅館悖論」。在此命題中，就算出現許多新房客，大家還是有房間住。

我們住在「有限」的世界裡，思考「無限」的概念時，還是容易聯想到有止盡的事物。或許這就是悖論存在的原因。

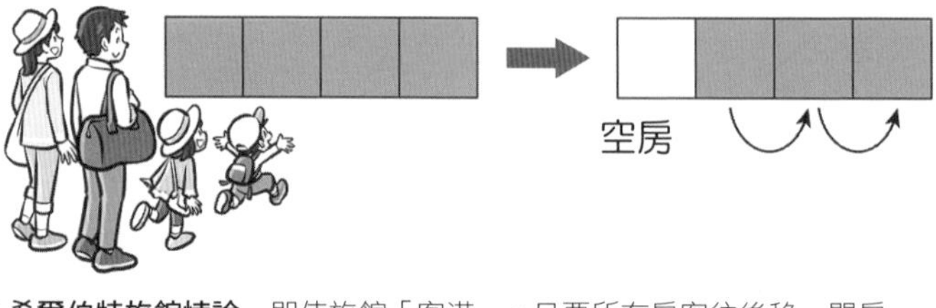

▲希爾伯特旅館悖論　即使旅館「客滿」，只要所有房客往後移一間房，新來的房客就能入住「一號房」。

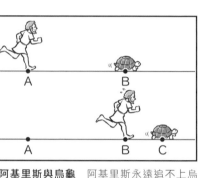

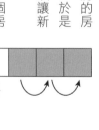

穿牆環

超強數學幸運槍Q&A

Q 源自圓周率的「圓周率日」是幾月幾日？①3月1日 ②3月14日 ③3月24日

A ②3月14日。圓周率為3・14，符號為「π」，因此將3月14日訂為圓周率日。

真是好玩。
ピョーン
※跳～
汪！汪！
嘎嗚！
ビタン
※撞上
有沒有更有趣的用法啊？
コロコロ
※滾滾
啊！滾走了！
コロコロ
※滾滾
滾到哪裡去了？
ピョン
※跳
呀啊！
ズボ
※落入

超強數學幸運槍Q&A

Q 圓周率為3・14，直徑5公分的圓周長度為幾公分。

A 15・7公分。利用「直徑×圓周率(3・14)」即可算出圓周長度，答案是5×3・14＝15・7(cm)。

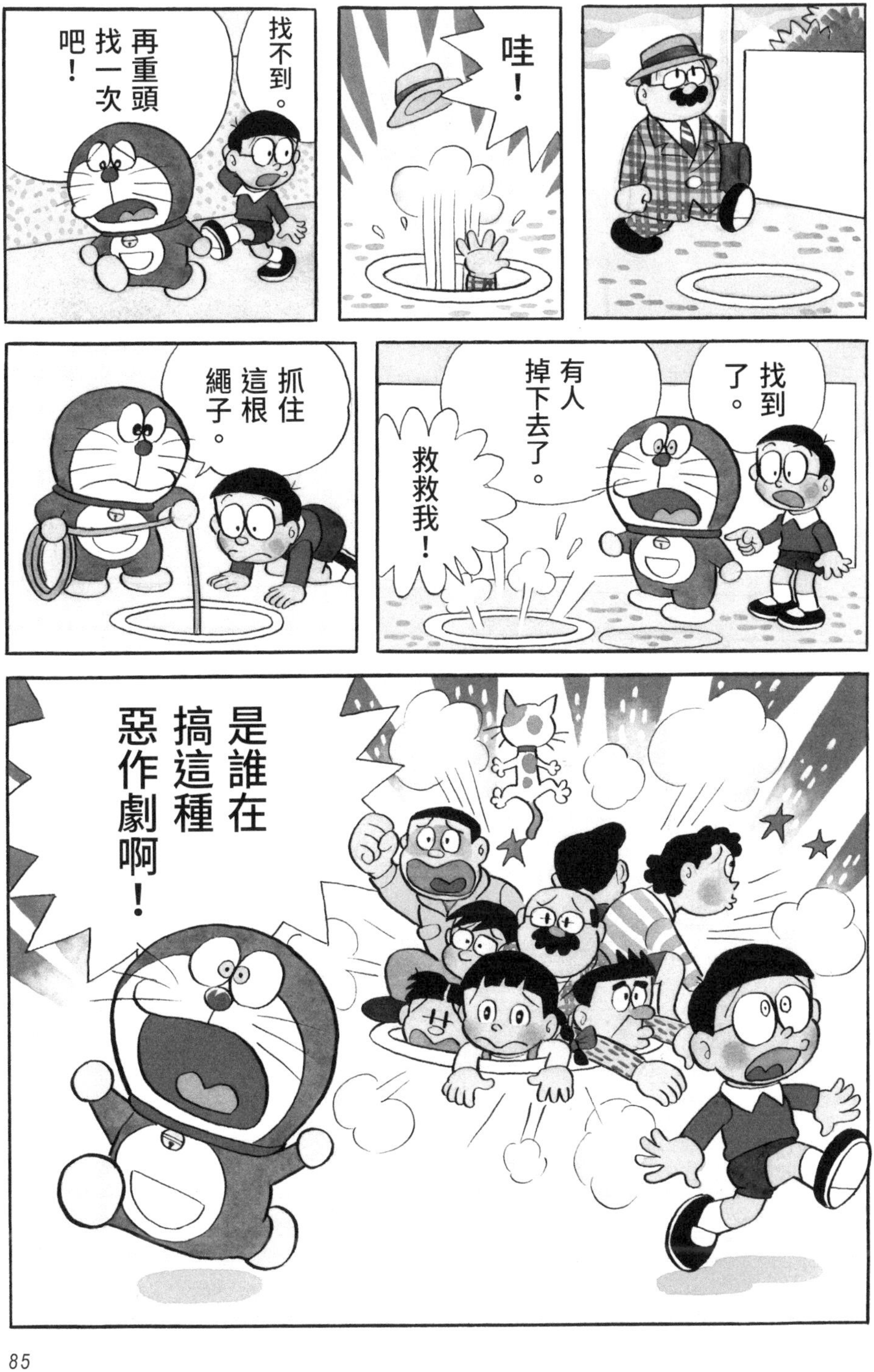

無臉照相機

走開！別過來！
你最好不要用。
這是為你好。
有什麼關係，讓我拍一張嘛！
這個是「無臉照相機」。
咦？
這個照相機喜歡漂亮的臉。如果它覺得醜陋或滑稽的臉，都不會顯現出來。
有意思！
那你幫我拍一張。
你待會要是哭了，我可不管喔！
カシャ
※喀嚓
パッ
※啪
※飄落
你看，我就說吧！
那麼拍你會變得怎樣？

超強數學幸運槍Q&A

Q 圓周是直徑的三倍左右，當圓越大，直徑就會跟著變成四倍、五倍。這是真的嗎？

你覺得拍得出來嗎？
當然是拍不出來囉！
胖虎那麼自戀，他一定會生氣的！
你一定會被打，就連照相機都會慘遭毒手……
害怕
你們在拖拖拉拉做什麼？再不快點幫我拍，我就把照相機摔壞喔！
好、好啦，要拍了……
我可不管。
果然我真的長得很好看。這是經過科學證明的。
明明是台照相機，沒想到還會拍馬屁……

A 假的。即使圓的大小改變，「圓周÷直徑」的值，亦即圓周率永遠都是3・14，比例是一樣的。

第6章 圓周率「π」的歷史

像是以圓規畫出的「圓」

人孔蓋採用圓形的理由 圓的直徑長度在每個點都一樣

用圖釘將一條線某端固定在紙上，線的另一端綁上一枝鉛筆。將線拉直，用鉛筆繞一圈，在紙上畫出一個圖形，即是圓形。以固定點為中心點到繞一圈上所有的點，距離都相等，將圈上所有的點連在一起就是「圓」，也稱為「圓周」。從圓周任一點穿過中心點，連結圓周另一點的直線距離稱為「直徑」。從中心點連接圓周任一點直線距離稱為「半徑」。無論在哪個點，直徑長度皆相同。人孔蓋就是利用這個特性設計成圓形。無論是斜放或立起來，人孔蓋都不會掉進下水道，如果是四方形就會掉下去。

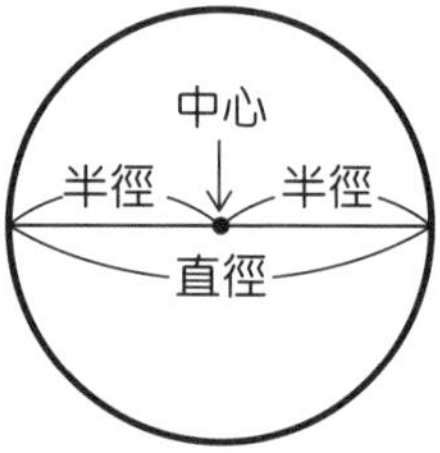

▲人孔蓋無論朝哪個方向都不會掉進下水道。

當扇形畫得越細 互相嵌合後的圖形很接近長方形

無論圓有多大，直徑與圓周長度的比例都一樣，大約是3・14，稱為「圓周率」。任何大小的圓，圓周長度都是直徑的3・14倍。

圓周長＝直徑×圓周率（3・14）

此外，當圓切割成很細的扇形，只要換個方向嵌合在一起，看起來很像長方形。事實上，圓形面積和長方形面積相同，都可用「長×寬」求出來。長是圓的「半徑」，寬是圓周的一半，即「半徑×3・14」。

圓的面積＝半徑×半徑×圓周率（3・14）

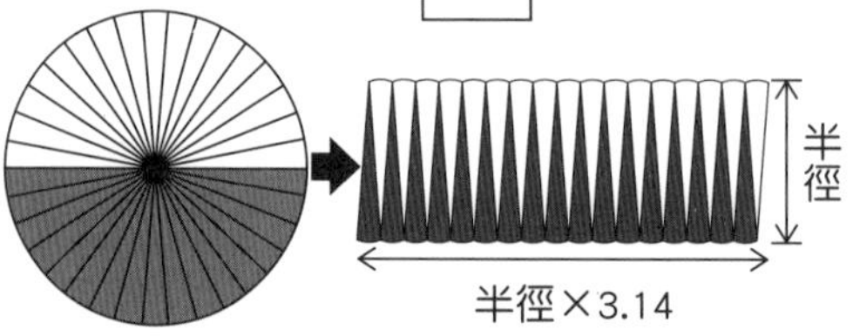

圓周率的歷史

圓周率π 圓周長度為直徑的3．14159265……

圓周率是圓周長除以直徑長所得到的商，無論圓形有多大，比值都一樣是無限小數3．14159265……

圓周率以符號「π」表示，這個符號是源自於希臘文「περίμετρος」（周圍之意）的字首。

求無止盡的數——圓周率

在小學時，計算圓周率都是採用3．14這個概略數值，大家一定要記住「圓周長約為直徑的三倍」，這一點很重要。也就是說，用繩子圍出一個圓，比較圓周和直徑長度，即可得知圓周約為直徑的3倍。遠古時代的人們還不知道「圓周率」或「π」等詞彙與符號，但已經發現圓周率，知道是比3大一點的數值。

巴比倫人透過計算導出圓周率為3．125，並將此發現以楔形文字刻在泥板上。此數值比現在已知的圓周率（3．1415……）還小。

另一方面，古埃及人導出的圓周率數值約為3．1604，這記載於世界最古老的數學書之一《萊因德數學紙草書》。每年夏天，古埃及的尼羅河都會氾濫成災，淹沒農地界線。為了重新劃分界線，才發展出高度測量技術和數學。

▲以前的人用繩子繞樹幹一圈測量長度，得知圓周率約為3。

阿基米德計算出正九十六角形的周長

活躍於西元前三世紀的古希臘科學家阿基米德，發現了物體在水中會浮起的「浮體原理」，以及微小的力量也能移動重物的「槓桿原理」，是很有名的學者。他也是全世界第一個算出圓周率約為3．14的人。

任一正多邊形都能找到一個外接圓，使其成為圓內接正多邊形，同樣的，也能找到一個內切圓，使其成為圓外切正多邊形。阿基米德利用這項特性，比較正多邊形的周長與圓周長，算出圓周率。

Archimide
BIBLIOTHEQUE MUNICIPALE DE LYON-F16THE000214
▲阿基米德（西元前 287 左右～西元前 212 年左右）

影像來源／ Bibliothèque municipale de Lyon

圓周長比圓內接正多邊形的周長還長，比圓外切正多邊形周長還短。假設有一個圓內接正六邊形，圓形的正六邊形，兩者的周長分別與圓周長相比，即可得知圓周的概略長度。阿基米德從正六邊形開始，嘗試各種邊長多1倍的正多邊形，例如正十二邊形、正二十四邊形，讓正多邊形貼近圓形，計算長度。結果用正九十六邊形求出圓周率大於$\frac{223}{71}$（3．1408……），且小於$\frac{22}{7}$（3．1428……），最後算出3．14左右。在人生中最輝煌的時代，阿基米德計算出圓周率為3．14，真的是很大的成就。

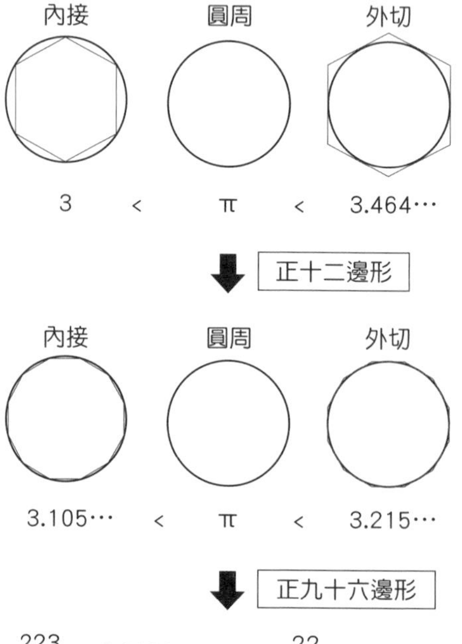
內接
圓周
外切
3 < π < 3.464…
正十二邊形
內接
圓周
外切
3.105… < π < 3.215…
正九十六邊形

$$\frac{223}{71} = 3.1408\cdots < \pi < \frac{22}{7} = 3.1428\cdots$$

求圓周率的數學家們

圓周率3・14159265358979……至今仍不知道小數點後面有多少位數。隨著電腦技術發達，目前已知小數點後的位數達62兆8000億。如此神奇的數字自古就讓人們醉心追求。

不只是阿基米德想算出正確的圓周率，距今大約一千五百年前，中國南北朝時代的數學家祖沖之也是其中之一。雖然不清楚他是用什麼方法求出圓周率，只知道他所求出的圓周率介於3・1415926與3・1415927之間。

歐洲在祖沖之算出圓周率之後的一千年，都沒有人進一步求出更精準的數值。如果祖沖之和阿基米德一樣，以多邊形周長的方式計算，就會算到正2萬4576邊形。

▲弗朗索瓦・韋達
（1540～1603年）
影像來源／Wikimedia

另一方面，一五七九年法國數學家韋達終於超越祖沖之的成就。他利用阿基米德導出圓周率的想法，算到正39萬3216邊形，精準求出小數點以下第9位。

和韋達出生在相同年代的德國數學家魯道夫，也同樣利用多邊形求圓周率。他採用與阿基米德相同的方法，花了好幾年的時間，最終以正461京邊形算出小數點以下第35位。

當然，他無法真正畫出正461京邊形，所以是在沒畫圖的情況下算出來的。求出答案後，他寫道：「唯有想這麼做的人才能走到這一步。」為了對其偉大成就致上敬意，德國將圓周率稱為「魯道夫率」。

▲魯道夫・范科伊倫
（1540～1610年）
影像來源／Leiden University Libraries Digital Collections

無止盡且無規則的小數「無理數」

圓周率是無窮延續的小數 也是無法用分數表示的無理數

一七六一年，德國數學家約翰·海因里希·朗伯確認圓周率是「無理數」。無理數是無法用分數表示的數，也就是毫無規則可循，無窮延續的小數。圓周率為3．1415926535897……，算出來的數沒有規則和模式可循。這樣的數就是無理數。

認為懂數學就能掌握世界的 畢達哥拉斯學派

畢達哥拉斯學派是全世界第一個發現無理數的，這是由古希臘數學家畢達哥拉斯創建的學派。畢達哥拉斯和他的學生們在義大利南部成立學校，在該校學習的人就被稱為是畢達哥拉斯學派。

▲畢達哥拉斯（西元前582左右～西元前496年左右）

影像來源／Rijksmuseum

當時學者之間掀起「萬物根源為何」的論戰，討論的主題是「這個世界是由什麼東西組成的」？有人說是「水」，有人說是「火」。畢達哥拉斯則說萬物的根源是「數」。

畢達哥拉斯認為這個世界的所有事物都是在某個原則下運作，畢達哥拉斯學派相信宇宙處於優美和諧狀態，而且可以用數說明和諧狀態從何而來。

然而，畢達哥拉斯的學生發現了無理數。對於堅信「宇宙

▲畢達哥拉斯學派　他們相信即使身體消失，靈魂永遠不死。

影像來源／Fyodor Bronnikov via Wikimedia Commons

處於優美和諧狀態」的畢達哥拉斯學派來說，發現「沒有規律的數」是讓他們最為震驚的事情。

從畢氏定理發現神奇數值

誠如七十六頁介紹的，假設兩條直角邊長為a、b，斜邊長為c，畢氏定理的理論就是（a×a）與（b×b）的總和等於（c×c）。

舉例來說，有四個形狀大小相同的直角三角形ㄅ、ㄆ、ㄇ、ㄈ如圖1般排列，就會形成一個大正方形。如果將其改成像圖2般排列，接著一起來比較這兩個大正方形。圖1有一個正方形C，圖2則有兩個正方形，分別是A與B。

正方形C的面積為（c×c），正方形A與正方形B的面積是（a×a）與（b×b）的和。

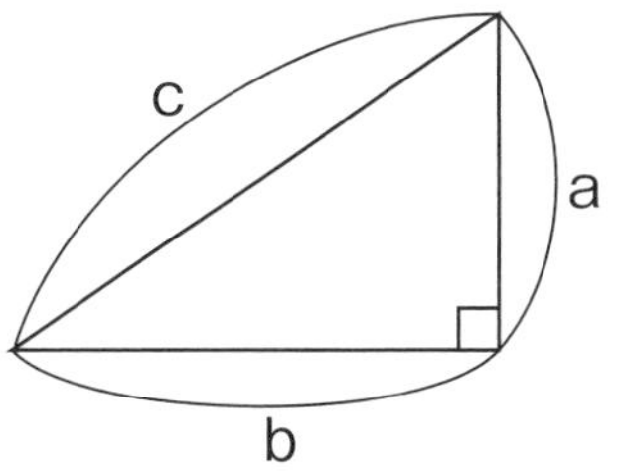

(a×a)＋(b×b)＝(c×c)

▲**畢氏定理** 上方算式亦可用 $a^2 \times b^2 = c^2$ 表示。

由於圖1與圖2整體面積相等，三角形ㄅ、ㄆ、ㄇ、ㄈ的面積合計也相等，因此剩下的面積也相等。總而言之，（a×a）與（b×b）的和等於（c×c）。

不過，畢達哥拉斯的弟子希帕索斯研究正方形時，發現一個問題：「假設如圖3般，a與b都是1時，（c×c）就是2。在此情況下，c是多少呢？c會無法用自然數和分數表示……」

簡單來說，希帕索斯發現了無理數，但畢達哥拉斯不承認他的發現，將

圖1

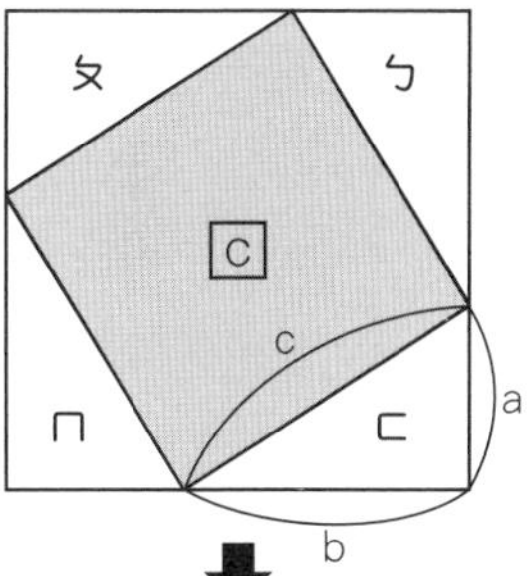

圖2

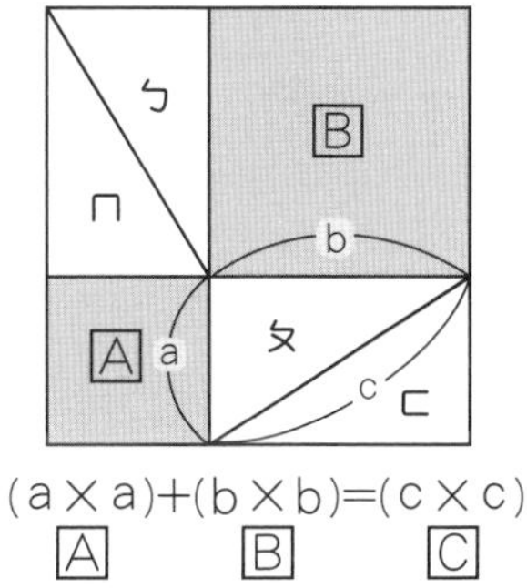

圖3

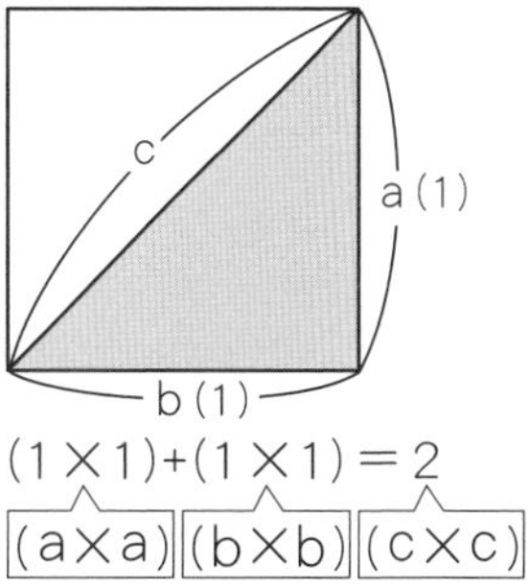

他打成滿口惡魔數值之人，將他判刑處死。

日本數學家也挑戰圓周率

日本數學家也積極解開圓周率之謎。江戶時代的和算家關孝和，是推動日本特有的數學「和算」之人。他在一七〇〇年左右使用與阿基米德類似的方法，計算至正13萬1072邊形，求出的圓周率為小數點以後第10位。其弟子建部賢弘在一七二二年，算出的圓周率為小數點以後第40位，打破師父關孝和的紀錄。

後來，隨著電腦問世，圓周率的位數也越來越多。到了一九八〇年以後，陸陸續續有日本人創出新紀錄。一九八七年，計算機科學家金田康正團隊算出的圓周率，超過小數點後一億位數；二〇〇二年也成功突破一兆位數。二〇一九年，谷歌技術人員岩尾（Emma Haruka Iwao）算到小數點後第31兆4159億2653萬5897位，比當時的世界紀錄還多9兆位數左右。

如今，瑞典研究團隊也在二〇二一年計算出小數點後62兆8000億位的圓周率數值。

▲關孝和（1640 左右～1708 年） 想出用筆和紙進行筆算的人。
（一財）日本高樹會藏 ・ 射水事新湊博物館保管

小知識

印度魔術師拉馬努金

印度的天才數學家斯里尼瓦瑟・拉馬努金 15 歲時接觸一本數學書，開啟他對數學的興趣。英國的戈弗雷・哈羅德・哈代教授發現他的才華，邀他到劍橋大學進行研究。可惜拉馬努金無法適應英國生活，身染重病，回到印度後不久便逝世。過世的時候才 32 歲，英年早逝。

拉馬努金發現的定理與公式數量超過 3000 個。其中包括求圓周率的算式。直到拉馬努金逝世好幾十年後，人們才發現這個算式與圓周率有關。

寬廣的日本

超強數學幸運槍Q&A

Q 太陽和星座升起的方向達到觀測地點的最南方稱為什麼？

※鏘！
可惡！
都是因為你沒接到球！
沒辦法啊……
胖虎你打的全壘打，職業選手也接不到啊。
這麼說也對……
真想在寬廣的棒球場上，好好的打一場。

A 中天。太陽過中天時是一天當中仰角最高的時候，太陽仰角的角度會隨著季節與觀測地點不同。

房租又漲價了。
真希望可以早點擁有自己的家。
別作夢了。
地價也在漲呢……
是啊……
為什麼一直在漲價呢……
因為沒土地啊。
日本實在是太狹小了。
※摔
冒失鬼。
才不是呢！
都是因為日本太狹小我才會跌倒！
？
要是我生長在土地遼闊的國家就好了。
那麼，把土地變大吧！
什麼!?

Q 圓周率為3.14，半徑為3cm，圓心角呈90度的扇形弧度有多長？

A 4.71cm。圓周長度為3×2×3.14=18.84(cm)，分成4等分即為18.84÷4=4.71(cm)。

這原本是用來將小島變大的機器。
別只讓小島變大……
把整個日本變得更寬廣吧！
啊……等等。
這影響的層面很大，得慎重一點……
來稍稍的試一下好了。
先用「時間停止器」把時間暫停。
現在全世界還能動的，
就只有我們而已。
ゴト
コト

※安～靜

※叩咚叩咚

超強數學幸運槍Q&A

Q 有一個圓心角30度，弧形長度6•28cm的扇形。若圓心角為60度，弧形長度為多少cm？

A

12.56cm。當圓心角為2倍，扇形的弧形長度也會變成2倍。因此答案是6.28×2=12.56（cm）。

鐵軌的寬度也沒變，只有長度拉長而已。
為什麼可以變得這麼剛好啊？
要解釋得花上很長的時間。
那就來試試土地變寬的生活吧。
先住看看吧！
也讓大家試試……
不會造成騷動嗎？
所以得使用「夢風鈴」。
チリリン…
※鈴鈴
鼾~
邊睡邊夢遊。
日本的土地變寬了喔！
土地增加了不少。
高興嗎？

超強數學幸運槍Q&A

Q 相傳發明量角器的古希臘學者是以下哪一位？①希帕索斯 ②畢達哥拉斯 ③喜帕恰斯

※點頭
コックリ
他們說高興。
他們高興我就滿足了。
用「夢境擴音器」……
對正在夢遊的人們呼籲一下。
各位……現在是早晨，請維持正常作息吧！
鼾……
慢走。
真驚人，每家之間都隔著一百公尺寬。
咦……
遠遠的走過來的人是……
早啊，靜香。

A ③喜帕恰斯。他是古希臘的天文學家。現在的88個星座中，有46個星座是他發現的喔！

連心情也跟著變好了。
早。
可以盡情揮出全壘打囉！
不過……
好遠喔。
平常要花十五分鐘上學，十倍的話……就是一百五十分……
兩個小時半!?
不快點會遲到的!!
不行了！
跑不動了。

超強數學幸運槍Q&A

Q 地球一周的長度約為40000km，以時速4km的速度走路，需花多少時間才能走完地球一圈？

不錯吧，就算開得再大聲，也不會吵到鄰居。
什麼……學校太遠了？
等公車通了，就會方便多了，暫時忍耐點……
鼾。
鼾。
來找你去打棒球了。
好好玩吧……
土地變大是很好，
但不管去哪裡都變得很遠。

A 10000小時。一小時可以前進4km，因此所需時間為40000÷4=10000(小時)，約417天。

ガアーン
※鏘
鼾!!
鼾!!
無邊無盡，得拚命的追球。
鼾。
鼾。
車站和超市太遠？
很快就會有公車經過，到時就方便了。
空地太寬廣，無論怎麼跑都……
就快要有公車了!!
怎麼這麼熱……？
像夏天一樣。
你的抱怨也太多了吧。
土地都變寬了，就多忍耐些……
鼾鼾。
什麼~糟糕了!!
他說什麼？

超強數學幸運槍Q&A

Q 太陽的直徑約為幾公里？
①約139km
②約1390km
③約1390000km

A

③約1390000km。地球直徑約為12700km，因此太陽直徑是地球直徑的109倍左右。

我知道了！海洋變窄了，海水的高度就跟著升高了!!
快恢復原狀吧。
※噗咻、咻砰
ブシュー
スポッ
啊啊～日本的土地慢慢的變小了。
難道就不能保持原狀，將土地變大嗎!?
別只會說些蠢話!!
家都夠小了，別再吵了!!

第7章 了解宇宙的數學

測量地球大小

如何測量地球大小 埃拉托斯特尼的計算方法

第四十九頁曾經介紹過「埃拉托斯特尼篩法」，埃拉托斯特尼是古希臘數學家，他是當時最大的亞歷山大圖書館館長，十分熟悉天文學和地理學。西元前二四〇年左右還沒有現代的測量工具，他卻成功只憑計算就測量出地球大小。

據說在賽伊尼城，每年一到白天時間最長的夏至中午，太陽光直射井底深處，地上的影子都會消失。「地上影子消失」代表太陽位於正上方。

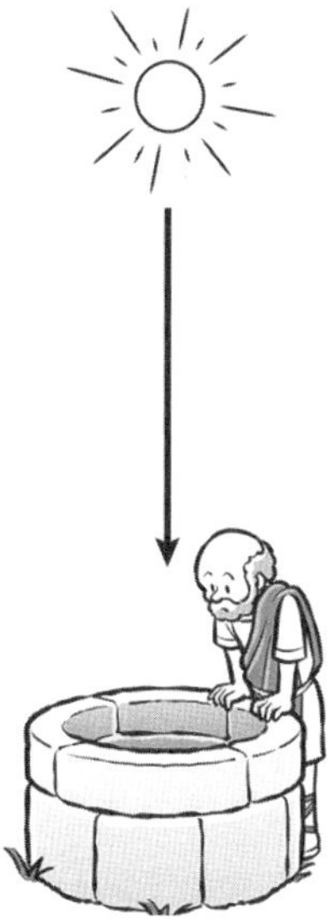
▲賽伊尼的井

埃拉托斯特尼忍不住猜想：「夏至的中午，太陽也會在亞歷山大港的正上方嗎？」於是在亞歷山大港的地面立起一根跟人差不多高的長棍，觀察長棍在中午的狀況。結果發現還是有一小段長棍的影子，這表示太陽光是斜照地面，並非在正上方。埃拉托斯特尼測量太陽光與長棍形成的角度，答案是7．2度。賽伊尼城與亞歷山大港的距離是925公里。

埃拉托斯特尼也察覺到，只要利用這些數據就能算出地球大小。

地球呈球形，繞地球一圈能畫出一個圓形。從賽伊尼城到亞歷山大港的距離，可以想成是圓周的一部分（弧線）。

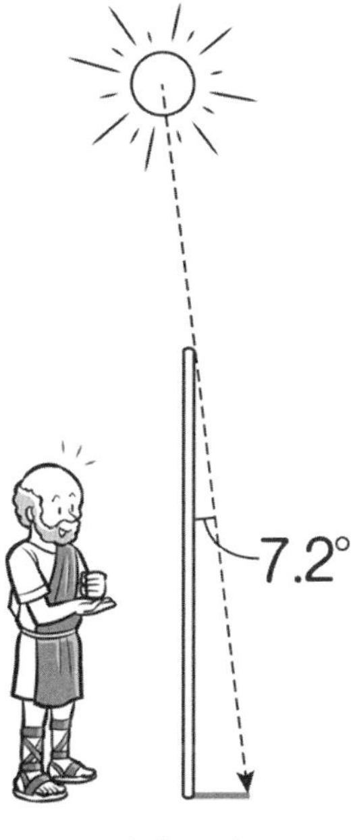

▲亞歷山大港的長棍

小知識　圓形與扇形、圓周與弧線

圓的一部分為「弧」，弧與通過弧兩端的兩個半徑構成一個圖形，稱為「扇形」。以圓心為頂點，兩個半徑所夾的稱為「圓心角」。

圓周長對弧長的比值，與 360 度對扇形圓心角的比值相同。

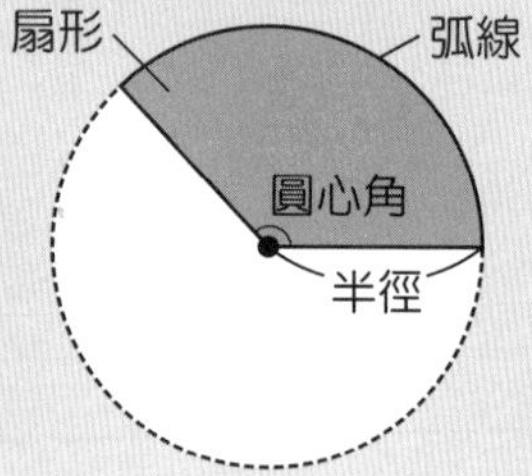

扇形
弧線
圓心角
半徑

以賽伊尼城和亞歷山大港為兩端畫弧線時，圓心角是幾度呢？

從亞歷山大港的長棍與賽伊尼的井分別往下畫一條垂直地面的線，這兩條線會在地球中心交會。這兩條線形成的角就是圓心角。圓心角的大小和亞歷山大港的長棍與太陽光形成的角度一樣（7・2度）。

比較照射亞歷山大港長棍的陽光 ℓ 與照射賽伊尼井底的陽光 m，這兩條光線都是筆直照射地球表面。換句話說，這兩條是平行線。從亞歷山大港的長棍延伸至地球中心的線，與這兩條平行的太陽光線交會，此時長棍和太

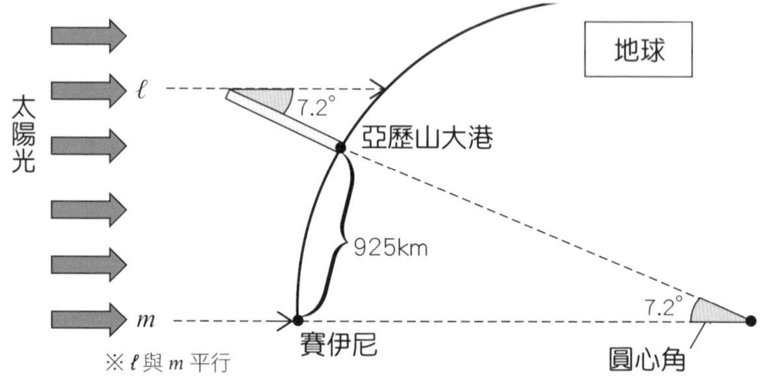

太陽光
ℓ
m
7.2°
地球
亞歷山大港
925km
7.2°
賽伊尼
圓心角
※ ℓ 與 m 平行

小知識　內錯角與平行線的特性

位置關係如右圖中 a 角與 b 角的兩個角稱為「內錯角」。其他的線與兩條平行線 ℓ、m 相交，內錯角的大小相同。

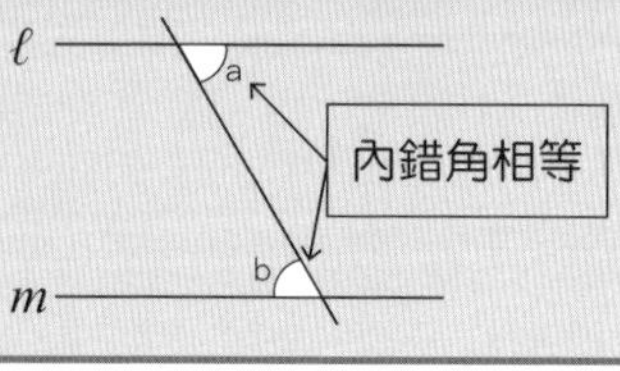

ℓ
a
內錯角相等
b
m

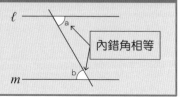

陽光線形成的角與圓心角為「內錯角」。由此可知，圓心角的大小為7・2度。

如果將地球想成一個圓，繞一圈就是360度。扇形的圓心角為7・2度，360度除以7・2度，即可知地球的圓心角為扇形圓心角的50倍。

360÷7・2＝50（倍）

簡單來說，圓周長對弧線的比值，與360度對圓心角7・2度的比值（50倍）相同，地球的周長就是從賽伊尼城到亞歷山大港距離（925公里）的50倍。

925×50＝46250（km）

目前已知地球正確的周長為40009公里。但在距今幾千年前，沒有任何測量儀器，只能用走路測量距離的年代，埃拉托斯特尼竟能精準算出地球大小，令人覺得不可思議。

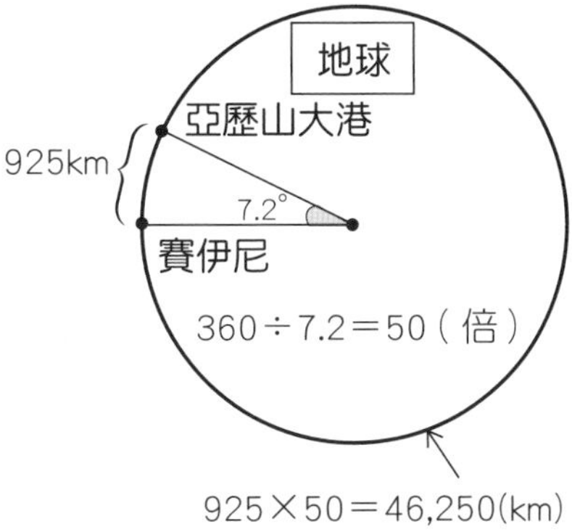
地球
亞歷山大港
925km
7.2°
賽伊尼
360÷7.2＝50（倍）
925×50＝46,250(km)

小知識

古希臘偉大科學家阿基米德

古希臘科學家阿基米德是埃拉托斯特尼的好朋友。阿基米德出生在西西里島的敘拉古，從小就對天文學感興趣。年輕時到亞歷山大港留學，之後返回故鄉繼續研究。

西元前三世紀左右，勢力較強的羅馬攻擊敘拉古。敘拉古只是一個小國，無法抵抗羅馬大軍的攻勢，整個城鎮遭到包圍。

那一天，阿基米德在家裡專心做研究，羅馬士兵闖入他家，他脫口大吼：「不要弄壞我的圖！」士兵一怒之下拔出劍，殺了阿基米德。羅馬軍隊的將軍曾經命令士兵不可殺害阿基米德，但那名士兵並不知道自己殺的老人就是阿基米德。

無重力的大雄家

※漂浮、漂浮

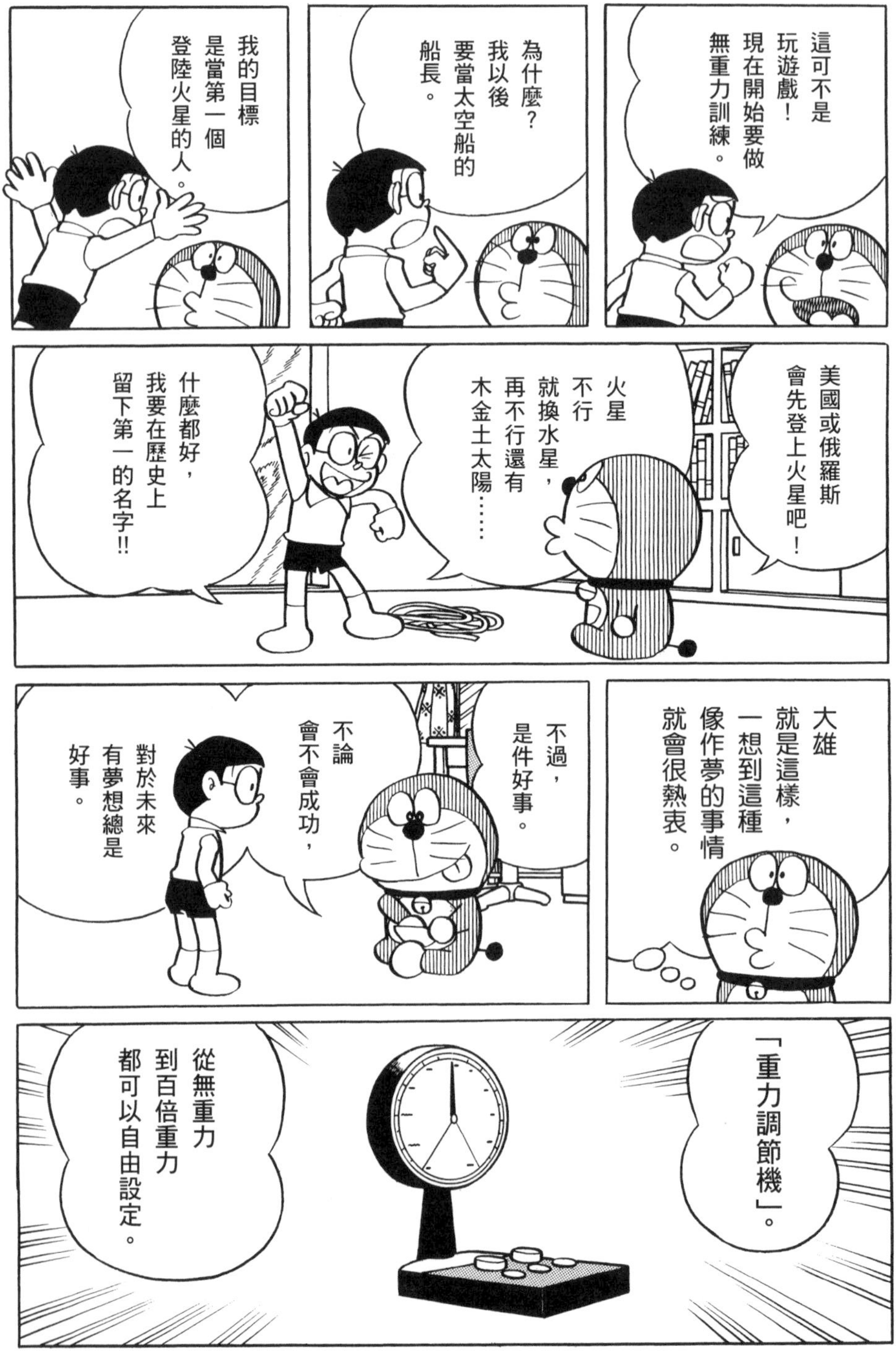
這可不是玩遊戲！現在開始要做無重力訓練。
為什麼？我以後要當太空船的船長。
我的目標是當第一個登陸火星的人。
美國或俄羅斯會先登上火星吧！
火星不行就換水星，再不行還有木金土太陽……
什麼都好，我要在歷史上留下第一的名字!!
大雄就是這樣，一想到這種像作夢的事情就會很熱衷。
不過，是件好事。
不論會不會成功，
對於未來有夢想總是好事。
「重力調節機」。
從無重力到百倍重力都可以自由設定。

超強數學幸運槍Q&A

Q 與5/5同樣大的數值是哪一個？①5 ②0.5 ③1

A ③ 1。將1分成5等分的大小是$\frac{1}{5}$，5份就是$\frac{5}{5}$。換句話說，先分成五等分後，再乘五倍，答案是$\frac{5}{5}=1$。

哇啊
啊啊啊!!
沒辦法控制啦！
把這個……
套在手指上，
※喀嚓
カチ
按下按鈕。
※咻砰
是迷你火箭。

A 0.4。$\frac{3}{10}$=0.3，因此0.4比$\frac{3}{10}$大。

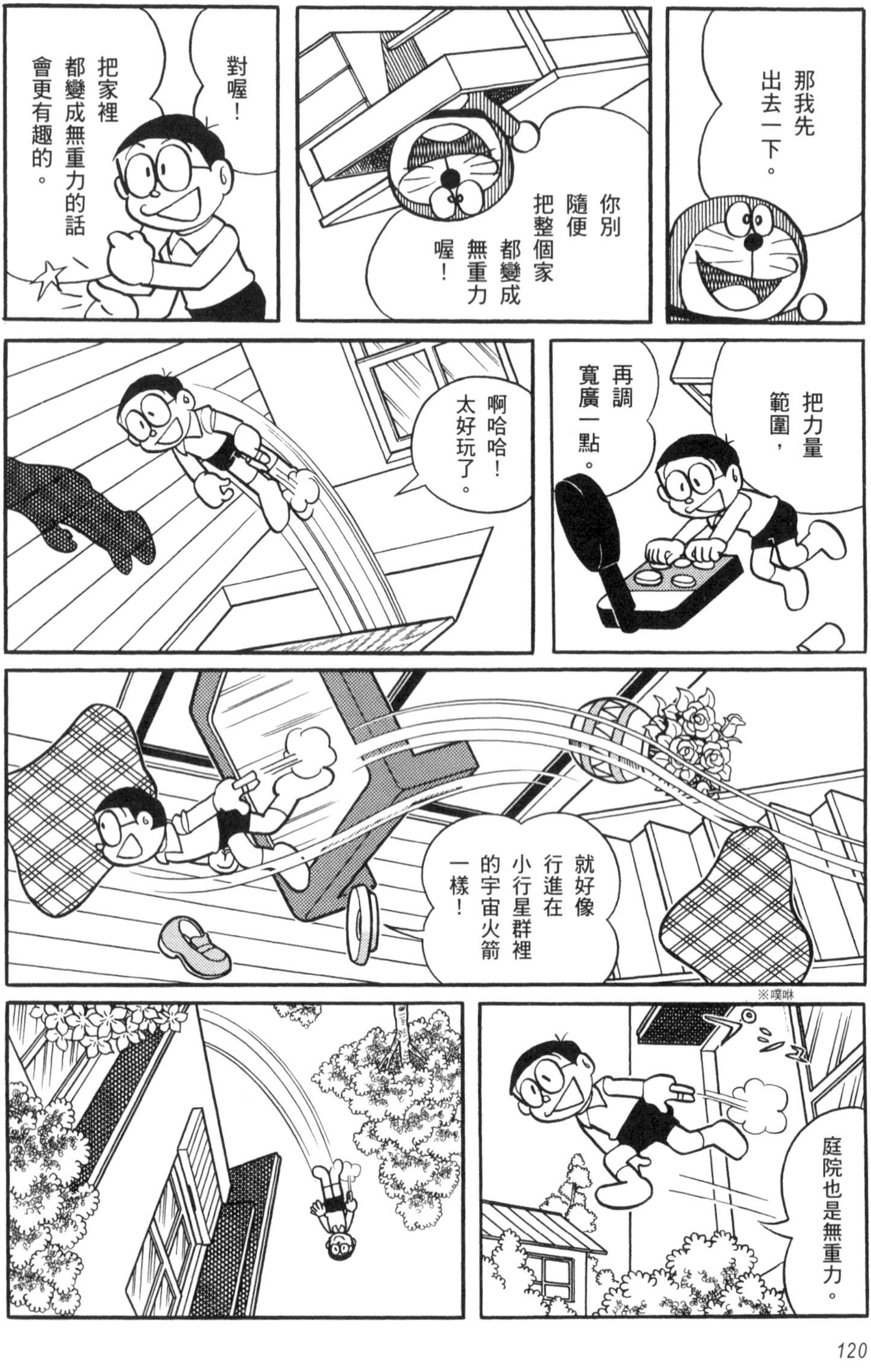
那我先出去一下。
你別隨便把整個家都變成無重力喔！
對喔！
把家裡都變成無重力的話會更有趣的。
把力量範圍，
再調寬廣一點。
啊哈哈！太好玩了。
就好像行進在小行星群裡的宇宙火箭一樣！
※噗咻
庭院也是無重力。

超強數學幸運槍Q&A

Q 10kg是25kg的幾分之幾？

A $\frac{2}{5}$。這是求「比值」的問題。比值的求法是「比較量÷基準量」，因此答案是10÷25=$\frac{2}{5}$。

超強數學幸運槍Q&A

Q 以小數表示20%，答案是以下哪一個？①0・2 ②0・02 ③0・002

A

① 0‧2。1%是整體的0‧01，10%是整體的0‧1。

真難對準……
哇啊！尿變成了水珠！
※噗咘
走開走開！別過來。
知道啦！
※噹
哎呀？
※咚
叫你不要過來啊！
我沒辦法控制嘛！

超強數學幸運槍Q&A

Q 1＋2＋3……＋18＋19＋20，從1加到20，總計為多少？

A 210。可用「（第一個數＋最後一個數）×個數÷2」求出答案：（1＋20）×20÷2＝210。

※匡鏘
哇！「重力調節機」!!
※咚咻
習慣了無重力，現在覺得身體好重喔！

表示不完整的數 一起來思考分數

將一公尺的膠帶均分成兩段，一段的長度為$\frac{1}{2}$（二分之一）公尺。將一個東西分成兩個相等分量稱為二等分。

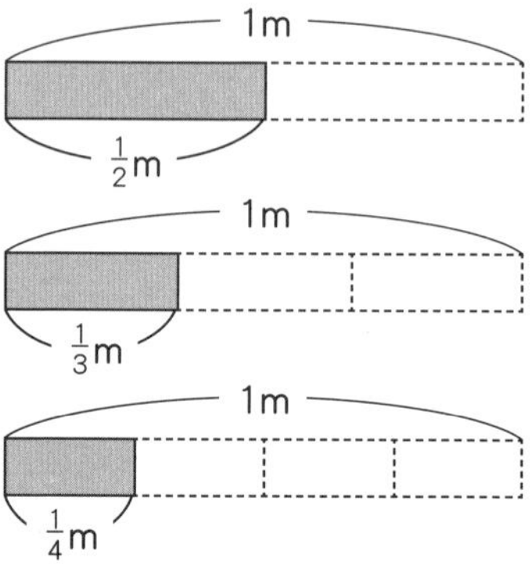

▲**分數**　分子相同時，分母較大的膠帶較短。

一公尺膠帶分成三等分，每個等分的長度為$\frac{1}{3}$公尺；分成四等分，每個等分的長度為$\frac{1}{4}$公尺。如果分數線上的數字（分子）相同，分數線下的數字（分母）越大，膠帶就越短。此外，兩個$\frac{1}{4}$是$\frac{2}{4}$，三個就是$\frac{3}{4}$。兩個$\frac{1}{3}$是$\frac{2}{3}$，兩個$\frac{1}{2}$是$\frac{2}{2}$。$\frac{2}{2}$公尺與1公尺相等。

無須計算，直接以算式表示分數的發明

$\frac{○}{△}$是將「○÷△」簡化表示，分數的基本概念是將一個東西分成幾等分。舉例來說，「6÷2」的答案是「3」，這一題很簡單。各位知道「5÷7」的答案是多少嗎？答案是「0.714285……」的無限小數。要寫這麼多數字相當麻煩，因此無須計算「5÷7」，只要以「$\frac{5}{7}$」表示即可。

小知識

古埃及的分數

全世界最古老的數學書之一《萊因德數學紙草書》記載著分數，當時使用的是$\frac{1}{2}$、$\frac{1}{3}$、$\frac{1}{4}$……這類分子為1的分數（唯一的例外是$\frac{2}{3}$）。

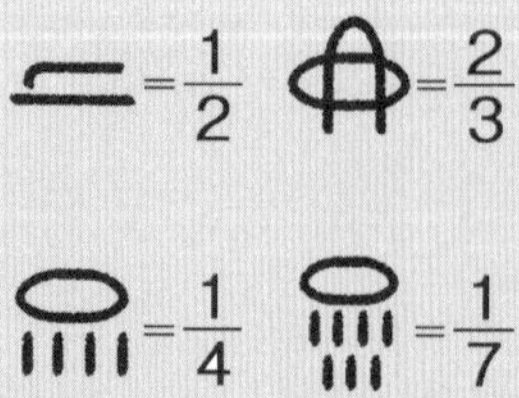

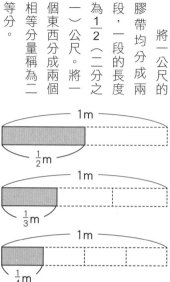

最適合表示不完整的量 一起來思考小數

1公升的$\frac{1}{10}$是$\frac{1}{10}$公升，也是0・1（零點一）公升。兩個0・1公升就是0・2公升，而五個就是0・5公升，收集十個就是1公升。

此外，4公升與0・6公升加起來就是4・6公升。

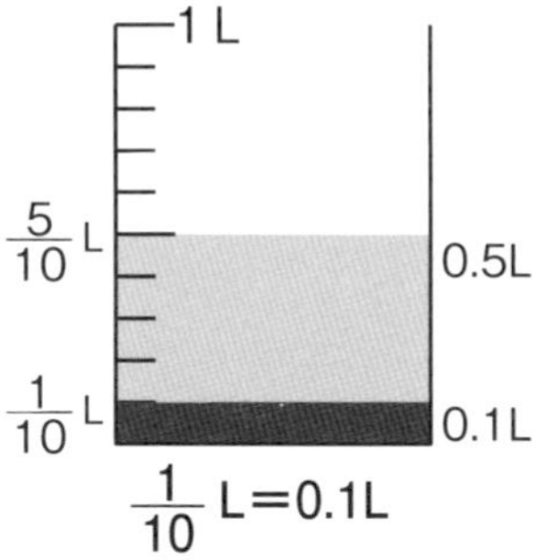
1 L
$\frac{5}{10}$ L
0.5L
$\frac{1}{10}$ L
0.1L
$\frac{1}{10}$ L＝0.1L

▲**小數**　將1L分成10等分，每一分的大小為0.1L。

解決商人的煩惱 小數的起源

在小數點右邊第一位是$\frac{1}{10}$位，再往右一位是$\frac{1}{100}$位。也就是說，$\frac{1}{10}$位是小數點後第一位，$\frac{1}{100}$位是小數點後第二位。

個位	$\frac{1}{10}$位	$\frac{1}{100}$位
3 .	5	8

小數是距今約四百年前，由比利時數學家斯泰芬發明的。當時正值歐洲的大航海時代，若想在一望無際的大海安全航行，必須具備豐富的天文學知識，掌握星星的位置和動向。不過，複雜的計算方式真的很令人困擾；做生意時還要計算分數，也讓商人感到卻步。

為了減輕大家的負擔，斯泰芬思考更簡單的計算方法，於是想出以下的表示法：

斯泰芬的小數

12⓪3①4②5③

$\frac{1}{10}$＝1①

$\frac{1}{100}$＝1②

$\frac{1}{1000}$＝1③

$\frac{1}{10000}$＝1④

結果如下：

⬇

納皮爾的小數

12・345

⬇

現在的小數

12.345

斯泰芬發明的小數表示法解決了許多商人的煩惱。蘇格蘭數學家納皮爾發現小數點後面的每個位數無須一一加上符號，只要在整數和小數之間加一個「・」的符號即可。還有許多人也發明了各種標記法，但留下來的只剩「．（句點）」與「，（逗號）」。

分數的乘法和除法
分數與整數

分數乘以整數的運算法中，分母不變，以分子乘以整數。請參考以下運算過程。

以圖式表示$\frac{3}{7}$，如下方所示就是有3個7等分的長條。若乘2倍，7等分的長條有6個，答案是$\frac{6}{7}$。由此可知，只要像下方算式分子乘以整數，就能求出答案。

此外，在分數除以整數的運算中，分子不變，只要將分母乘以整數就可以了。可能有人覺得「明明是除法運算，卻用乘法求解，真是奇怪」。各位不妨透過問題①好好思考。

算式 $\frac{3}{7} \times 2 = \frac{3 \times 2}{7} = \frac{6}{7}$

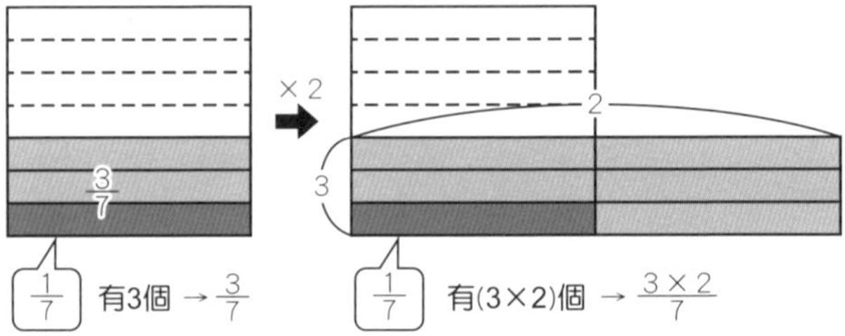

問題① 有一塊木板3㎡的重量為$\frac{2}{5}$kg，請問1㎡的重量有幾公斤？

算式 $\frac{2}{5} \div 3 = \frac{2}{5 \times 3} = \frac{2}{15}$ (kg)

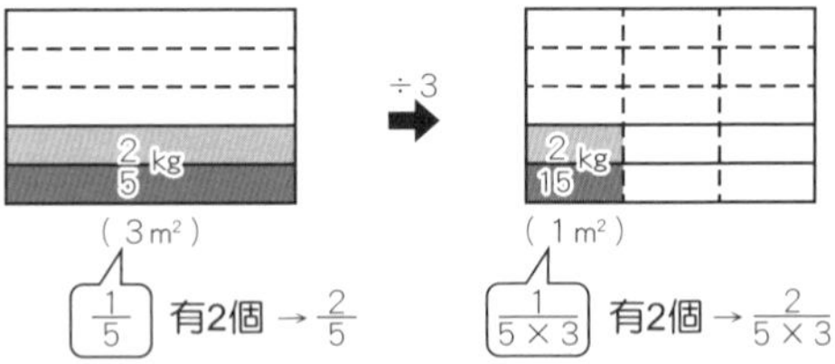

算式如右方所示，和乘法一樣以長條換算。$\frac{2}{5}$kg就是2個5等分的長條，再如圖示縱向分成3等分，長條數就有（5×3＝）15等分，一個長條就是$\frac{1}{15}$，2個長條就是$\frac{2}{15}$。由此可知，只要將$\frac{2}{5}$的分母乘以3，就能得到答案。

小知識

以數線表示分數和小數

使用數線就能輕鬆比較數的大小。$\frac{1}{10}$和0.1都是將1分成10等分之後的1個等分數。

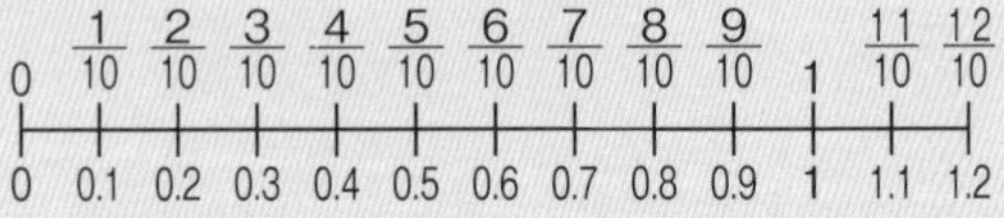

分數的除法運算 除法為什麼要上下顛倒？

分數的除法運算中，除數的分子與分母需上下顛倒，以顛倒後的分數乘被除數。當除數是分數時，為什麼分子與分母要上下顛倒呢？各位不妨透過問題②好好思考。由於問題②的題目和問題①一樣，因此算式如左所示。

問題② 有一塊木板$\frac{3}{5}$m²的重量為$\frac{2}{7}$kg，請問1m²的重量有幾公斤？

算式 $\frac{2}{7} \div \frac{3}{5} = \frac{2}{7} \div 3 \times 5 = \frac{2 \times 5}{7 \times 3} = \frac{10}{21}$(kg)

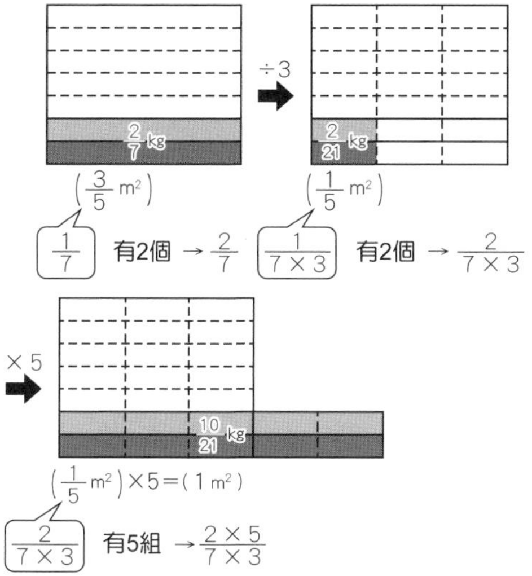

第一步先求$\frac{1}{5}$m²的重量，將$\frac{3}{5}$m²（$\frac{2}{7}$kg）縱向分成3等分，長條數變成（7×3＝）21等分，一個長條的重量是$\frac{1}{21}$kg。此外，$\frac{1}{5}$m²有2個長條，也就是$\frac{2}{21}$kg。有鑑於此，1m²的重量是5組$\frac{1}{5}$m²（$\frac{2}{21}$kg），答案是$\frac{10}{21}$kg。

此題的解法是先將$\frac{2}{7}$除以3，接著再乘以5。以分數表示，即為除數的分子與分母上下顛倒，以顛倒後的分數乘以被除數。

小知識

讓除數為 1

教科書中對於分數的除法運算做以下說明：各位也一起來算$\frac{2}{7} \div \frac{3}{5}$吧！

在除法運算中，被除數與除數乘以同一個數，答案還是一樣。利用此特性，以被除數（$\frac{2}{7}$）與除數（$\frac{3}{5}$）乘以$\frac{5}{3}$，結果如下：

$$\begin{aligned}\frac{2}{7} \div \frac{3}{5} &= \left(\frac{2}{7} \times \frac{5}{3}\right) \div \left(\frac{3}{5} \times \frac{5}{3}\right)\\ &= \left(\frac{2}{7} \times \frac{5}{3}\right) \div \frac{15}{15}\\ &= \left(\frac{2}{7} \times \frac{5}{3}\right) \div 1\end{aligned}$$

當除數為1，答案就和被除數一樣，可消去「÷1」，結果如下：

$$\frac{2}{7} \div \frac{3}{5} = \frac{2}{7} \times \frac{5}{3}$$

從比值來思考「倍數」

當基準量為「1」比較量為幾倍？

以2公尺的緞帶為基準量：

4公尺的長度為基準量2倍（$4\div2=2$）。

1公尺的長度為基準量$\frac{1}{2}$倍（$1\div2=\frac{1}{2}$）。

在此情況下，2公尺緞帶的長度為「基準量」，4公尺與1公尺稱為「比較量」。2與$\frac{1}{2}$就是「比值」。比值指的是當基準量為「1」，表示與其相較的比較量是幾倍的數。

當基準量為1，比值可用整數、小數和分數表示。舉例來說，將一整張披薩平分成4片，每一片佔整張披薩比值就是（$1\div4=$）$\frac{1}{4}$。此外，練習投籃時，投10球中7球，投中的比值為（$7\div10=$）0.7。

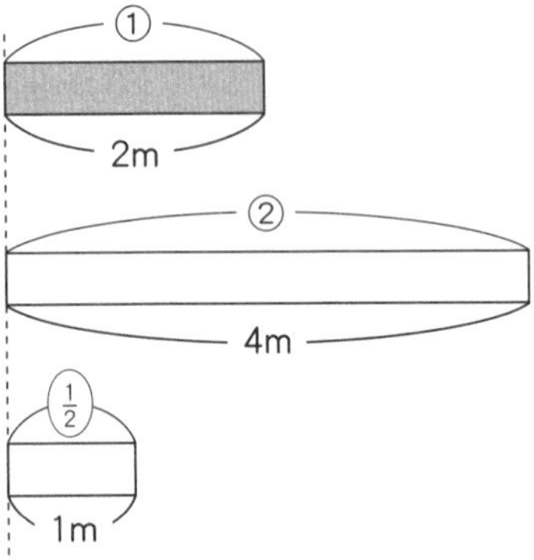

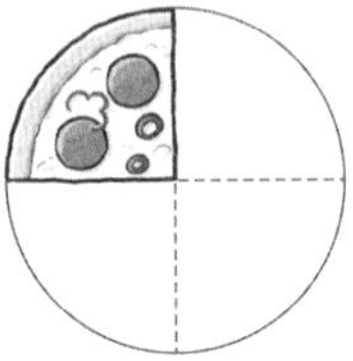

$\frac{1}{4}$

0.7

以下的算式可以求比值。

比值＝比較量÷基準量

百分比的基準量為100 成數的基準量為10

我們常看到超市的傳單上寫著「25％ off」（打七五折），「25％」就是比值。基準量定為100的比值稱為「百分比」，符號為「%（percent）」。基準量為1時，比值為0・01（$\frac{1}{100}$），百分比為1%。舉例來說，300元是1200元的（300÷1200＝）0・25倍，以百分比表示如下：

0・25×100＝25（%）

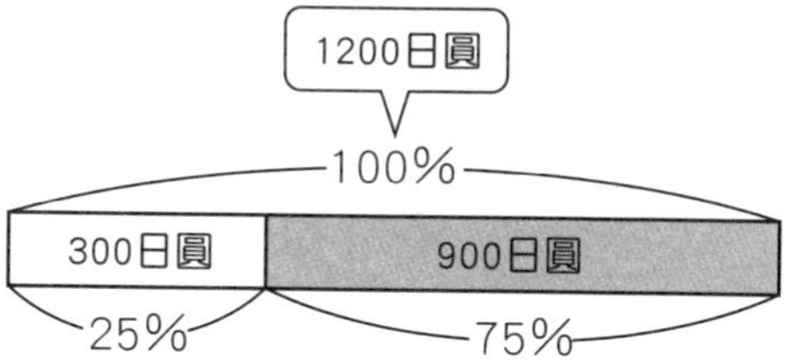
1200日圓
100%
300日圓
900日圓
25%
75%

300÷1200＝0.25（25%）

此外，基準量定為10的比值稱為「成數」。二〇一八年，職棒選手大谷翔平在美國職棒大聯盟第一年的打擊率為「2・85成」。打擊率是表示打者成績的比值，顯示在所有打擊次數（包括三振、無安打打擊、失誤上壘、安打、不死三振的總計）中，總共擊出幾支安打。打擊率的算式如下：

打擊率＝安打數÷打數

與求比值的算式一樣，打數為基準量，安打數為比較量。這一年大谷選手的打數是326、安打數是93，打擊率如下：

93÷326＝0・285

唸為「兩成八五」。當基準量為1時的比值為0・1（$\frac{1}{10}$），成數為1成。0・01（$\frac{1}{100}$）時為1分，0・001（$\frac{1}{1000}$）時為1厘。

百分比	100%	10%	1%	0.1%
小數	1	0.1	0.01	0.001
分數	1	$\frac{1}{10}$	$\frac{1}{100}$	$\frac{1}{1000}$
成數	10成	1成	1分	1厘

小知識

「分」為0.01？

各位看到「0.01為1分」的解說會不會覺得很奇怪呢？第61頁曾經說明小數的單位「分」是0.1。為什麼這兩者會有一位數的差異？

因為這裡的「分」是以基準量為1成來表示的，與小數的單位是不同的。

台灣的棒球界在表示打擊率時，使用的是「〇成〇〇」的寫法，這是以成（10）為基準來表示的結果。

以一定差距變化的數列

1到100加起來是多少？高斯和

距今兩百年前，德國某間學校的老師出了一個題目考他的學生。

「將1到100的整數全部加總起來，答案是多少？請各位一個數字一個數字的相加，算出答案。」

於是學生開始計算。

「1加2等於3，3加3等於6，6加4等於10，10加5等於15……接著是……」

只見學生抱著頭拚命計算，老師心中想著：「這一題肯定要花他們很長的時間才能算完。」正覺得可以放鬆一下時，有一位男同學立刻算出答案：「答案是5050。」

老師感到十分驚訝的問他：「你是怎麼算出來的呢？可以說明一下嗎？」

老師說完後，男同學在黑板寫出以下算式：

「並列100到1的數列，兩兩加總。例如1加100為101、2加99為101，3加98為101，依此類推。全部有100個101，因此加總起來的答案是101×100＝10100。這是1到100的數列與100到1的數列，共兩個數列的合計，因此還要除以2，答案是

	1	2	3	…	50	…	98	99	100
+	100	99	98	…	51	…	3	2	1
	101	101	101	…	101	…	101	101	101

10100÷2＝5050。」

這名男同學叫做高斯，後來成為與阿基米德、牛頓並列的三大數學家，是一位很偉大的德國數學家。據說高斯三歲的時候，看到父親在計算支付給傭人的薪水，就已經能當場指出父親的計算錯誤。

▲卡爾・弗里德里希・高斯
（1777～1855年）
影像來源／Christian Albrecht Jensen via Wikimedia Commons

用長方形面積來思考連續數字的數列和

接下來藉由圖示思考高斯小時候想出來的計算方法，在此以1到10等10個連續數字為例，計算總和。

首先，以■代表1到10的數，像階梯般排列出十層，每層都比上一層多一個■。接著以□排出和■相同但上下顛倒的階梯。如此一來，從第1層到第10層的方塊數，全都是11個。換句話說，11個方塊共有10層，□和■總計是（11×10＝）110個。■是總計的一半，110除以2（110÷2）就是55個。高斯唸小學的時候就想出這個計算方法。

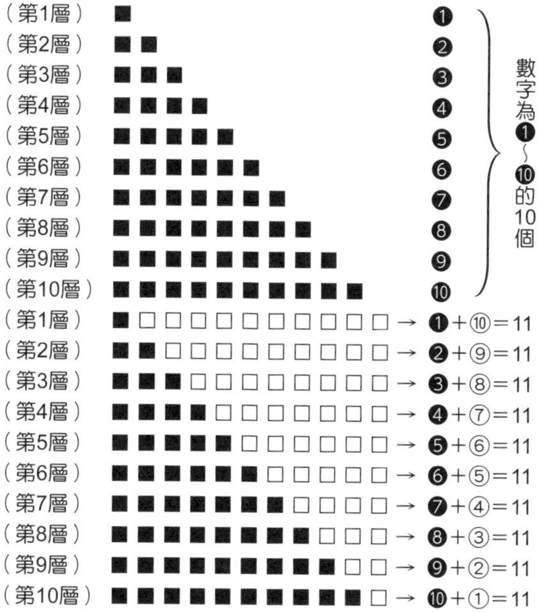
（第1層）■ ❶
（第2層）■■ ❷
（第3層）■■■ ❸
（第4層）■■■■ ❹
（第5層）■■■■■ ❺
（第6層）■■■■■■ ❻
（第7層）■■■■■■■ ❼
（第8層）■■■■■■■■ ❽
（第9層）■■■■■■■■■ ❾
（第10層）■■■■■■■■■■ ❿
數字為❶～❿的10個
（第1層）■□□□□□□□□□□ → ❶＋⑩＝11
（第2層）■■□□□□□□□□□ → ❷＋⑨＝11
（第3層）■■■□□□□□□□□ → ❸＋⑧＝11
（第4層）■■■■□□□□□□□ → ❹＋⑦＝11
（第5層）■■■■■□□□□□□ → ❺＋⑥＝11
（第6層）■■■■■■□□□□□ → ❻＋⑤＝11
（第7層）■■■■■■■□□□□ → ❼＋④＝11
（第8層）■■■■■■■■□□□ → ❽＋③＝11
（第9層）■■■■■■■■■□□ → ❾＋②＝11
（第10層）■■■■■■■■■■□ → ❿＋①＝11

■與□的合計為11×10＝110（個）
因此，■的數量為110÷2＝55（個）

思考階梯的面積

請各位再看一次由■與□組成的圖示，從整體來看是一個大長方形。事實上，求方塊總和的算法（11×10）與求長方形面積（寬×長）相同。高斯的計算方法是先求所有方塊組成的長方形面積，接著除以2，求出■數量。

以算式標示如下：

（第一個數＋最後一個數）×個數÷2

長方形橫邊的長（1＋10）是「第一個數與最後一個數」的和，豎邊的長為10，代表1到10連續數字的「個數」。1到10總共有10個數。先求■與□的合計，再除以2，即可求出■的數。

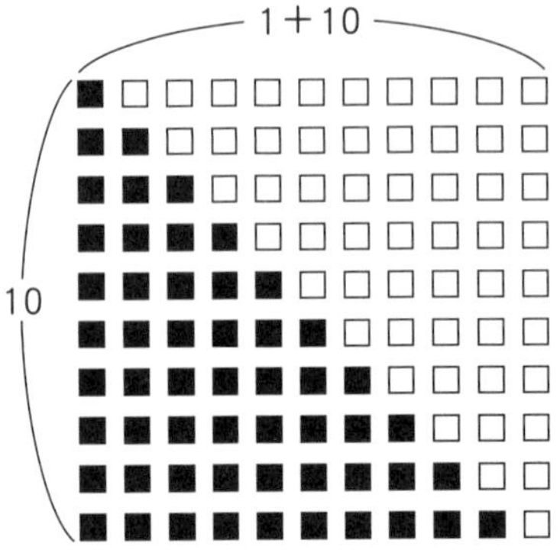

（1＋10）×10÷2＝55

求1到100這一百個數字的總和時，可用以下算式：

（1＋100）×100÷2＝5050

只要善用此算式，就能輕鬆算出1到1000，也就是一千個連續數字的總和。

小知識

天才數學家牛頓

牛頓是三大數學家之一，也是發現「萬有引力」的科學家，舉世聞名。有一天，有一顆蘋果落在散步中的牛頓眼前，他當時心想：「蘋果會從樹上掉下來，為什麼月亮不會掉下來呢？」於是發現了「萬有引力定律」。萬有引力定律指出「所有物體之間都會互相吸引」。為了說明這項定律，還創造了不可或缺的「微積分學（微分與積分）」這門全新學問。

▲艾薩克・牛頓（1642～1727年）

影像來源／Wellcome Collection

任意變月曆
GI

超強數學幸運槍Q&A

Q 古埃及使用的日晷影子往哪個方向轉？①往左轉 ②往右轉

A ②往右轉。埃及的太陽從東邊升起，因此影子往右轉動，稱為「順時針方向」。

「任意變月曆」。
0725…什麼意思？
七月二十五號，今天的日期。
改變一下日期。
カチ
カチ
カチ
※喀嚓、喀嚓、喀嚓
チーン
※嚓嚓
ゾクゾクゾクッ
※急速冷卻
哈啾
!!
好、好冷喔!!
當然啊，七月變成二月了嘛。
變成你最愛的冬天了。
是啊！好開心喔!!
哈啾。
穿厚一點就沒事了！

超強數學幸運槍Q&A

Q 除了太陽之外，人眼可見的星星中，最亮的恆星是哪一顆？①織女一 ②參宿七 ③天狼星

A ③天狼星。恆星會自己發光，就像太陽一樣。天狼星是大犬座的星宿。

超強數學幸運槍Q&A

Q 以下哪一年是閏年？①1900年 ②2100年 ③2400年

A ③ 2400年。根據公曆內容，100可以整除但400不能整除的年分不是閏年。

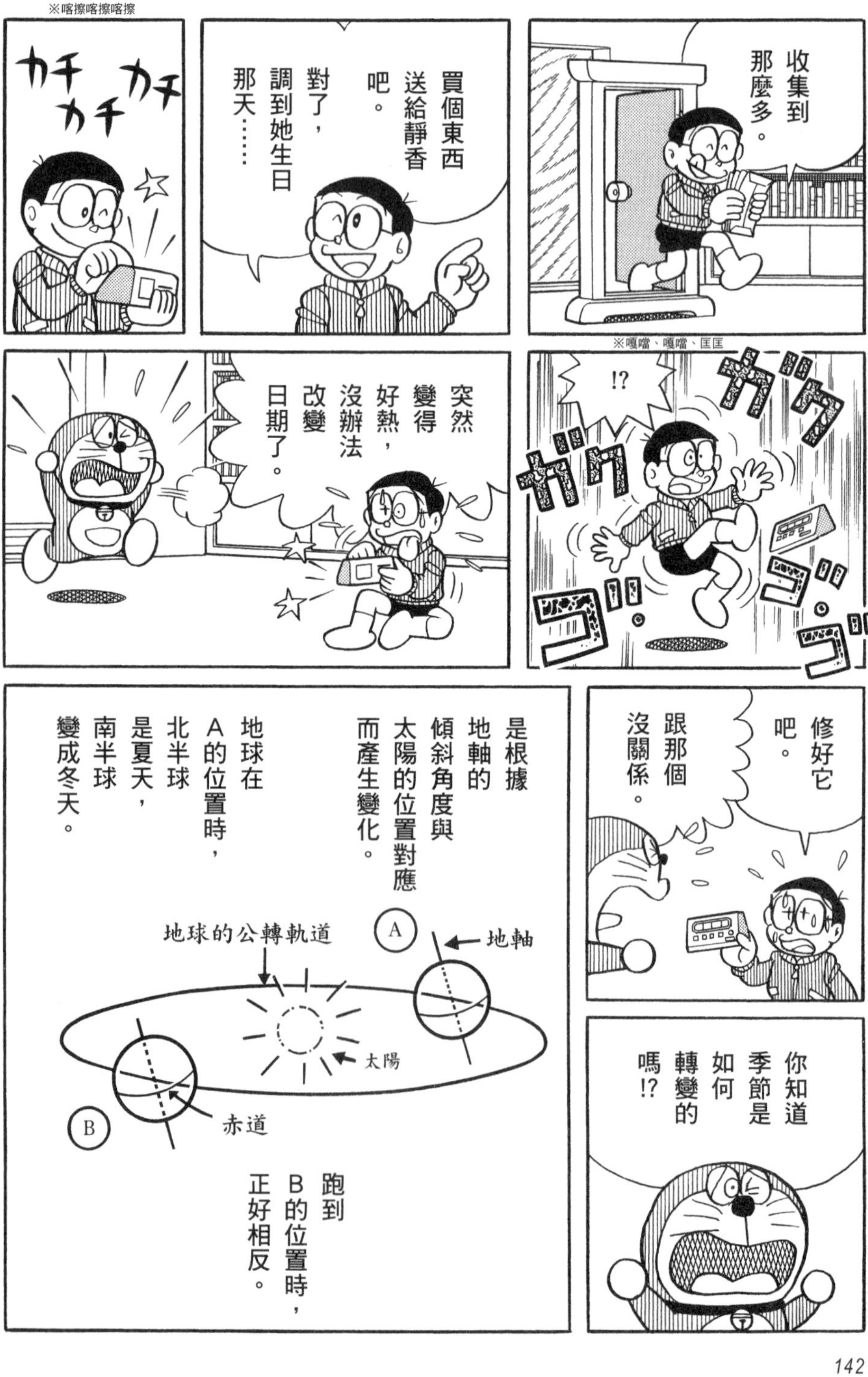
收集到那麼多。
買個東西送給靜香吧。
對了，調到她生日那天……
カチ カチ カチ
※喀擦喀擦喀擦
!?
ガク ガク
ゴゴ ゴゴ
※嘎噹、嘎噹、匡匡
突然變好熱，沒辦法改變日期了。
修好它吧。
跟那個沒關係。
你知道季節是如何轉變的嗎!?
是根據地軸的傾斜角度與太陽的位置對應而產生變化。
地球在A的位置時，北半球是夏天，南半球變成冬天。
地球的公轉軌道
A
地軸
太陽
B
赤道
跑到B的位置時，正好相反。

超強數學幸運槍Q&A

Q 公曆的365天週期是根據哪個天體制定的？①地球 ②月球 ③太陽

A ①地球。地球繞行太陽一周（公轉）約為365天，這是公曆的參考依據。

任意改變地軸，就好像搖動旋轉中的陀螺軸心一樣！
陀螺會停止轉動，地球的自轉、公轉也會停止，你知道會怎樣嗎？
不知道……
地球會被太陽牽引，被吸進太陽裡!!
那、那麼天氣會這麼熱難道是……
你看外面!!
太陽不斷在接近地球!!
我闖下大禍了！怎麼辦!?
根本沒辦法解決。
快點看電視新聞……

就要世界末日了!!
用「宇宙救生艇」逃難!!
騙人……我不相信……
你再哭哭啼啼，就要丟下你不管囉!!
大家動作快!!
對了！我不能扔下靜香不管!!
※咚轟
大雄！你要去哪裡!?沒時間了!!
我要找靜香……
ドーッ
啊!!

超強數學幸運槍Q&A

Q 一天有幾秒？①86400秒 ②34560秒 ③2160000秒

A ① 86400秒。一天有24小時，一小時60分鐘，一分鐘60秒，因此答案是24×60×60＝86400（秒）。

第9章 改變世界的數

將一天等分的「時間」究竟是什麼？

人類最古老的時鐘——日晷

人類第一次做出「時鐘」，是在距今六千年前左右。當時的古埃及人在地面立起一根棍子，利用太陽與棍子的影子變化掌握時間。這種時鐘稱為「日晷」。

古埃及人發現月亮有陰晴圓缺，大約每三十天會重複一次，重複十二次就是一年。

換句話說，他們發現一年分成十二個月。而且他們認為白天與夜晚也各自劃分成十二等分。古埃及人認為白天和夜晚是兩種完全不同的概念。

▲日晷　在地面立起一根棍子，觀察影子變化計算時間。日晷後來發展成「時鐘」。

將時間流逝比喻為水的流動——水鐘

日晷遇到沒有太陽的雨天或夜晚時，就無法發揮作用。因此，在距今三千五百年前的埃及人使用的是「水鐘」。他們在水桶形狀的容器底部鑽一個小孔，將水倒入容器裡。由於容器底部有小孔，水會慢慢流掉。容器內側有刻度，人們觀察容器裡的水目前在哪個刻度，以這個方式判斷時間。

長久以來古埃及人的生活十分仰賴尼羅河，他們從尼羅河水的流動感受到永恆的時間更迭，或許這是他們創造水鐘計時的原因。

▲水鐘　專家認為從神殿出土的水鐘與晚上舉行的儀式有關。

影像提供 / 近藤二郎

與天體運作關係密切的「曆法」

埃及人的曆法——發現一年約有三百六十五天

將時間的流逝以年、月、週、日表示的方法稱為「曆法」。我們目前也使用曆法。距今六千年前，古埃及人發現一年約有三百六十五天。在那個年代，每年夏季尼羅河都會氾濫，在埃及造成許多災害。有一次，埃及人發覺每到尼羅河氾濫時期，太陽即將升起的東方天空，都會看到明亮的天狼星。此後他們持續觀察，發現大約每三百六十五天就會重複相同星象，於是創造了「天狼星曆法（古埃及曆法）」，這是日後曆法的起源。

▲**尼羅河**　古埃及人看到天狼星與太陽一起升起，就知道尼羅河何時氾濫。

羅馬的尤利烏斯・凱撒制定閏年

在西元前四十六年，古羅馬根據天狼星曆法制定了新的「儒略曆」。事實上，一年並非剛好365天，而是365．2421……天。由於這個緣故，天狼星曆法過了幾年就會慢慢出現誤差。為了解決曆法誤差，當時的羅馬政治家尤利烏斯・凱撒，每四年在二月多加一天，訂定一年366天的「閏年」。

在那個時期，凱薩打敗了埃及軍隊，並且和埃及豔后克麗奧佩脫拉七世結婚。凱薩統治埃及之後，根據埃及曆法制定了新的曆法，再以自己的名字取為「儒略曆（Julian calendar）」。

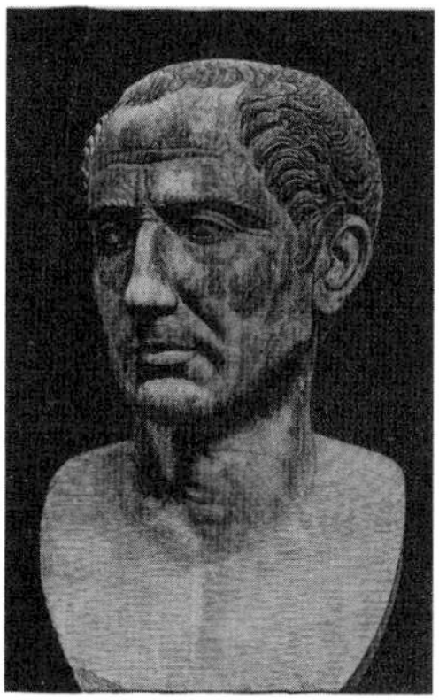

▲**尤利烏斯・凱撒（Julius Caesar，約西元前100年～西元前44年）**

影像來源／University of Connecticut Libraries

公曆是現在許多國家採行的曆法

儒略曆實行了大約一千六百年，但還是會有些微誤差，每約一百二十八年會出現一天的誤差。換句話說，一千兩百八十年就差了十天。有鑑於此，西元一五八二年，天主教會（基督教）的教宗葛利果十三世修正誤差，制定了「公曆（格里曆 Gregorian calendar）」。

公曆是現在全世界採行的曆法。儒略曆每四年有一次閏年，公曆的規則是「100可以整除但400不能整除的年省略閏年」。舉例來說，1900就是100可以整除但400不能整除的數字。因此，西元1900年沒有閏年。這個規則讓公曆比過去的曆法更精準。

▲葛利果 13 世（1502 ～ 1585 年）
新曆法從1582年10月4日的隔天，定為10月15日，開始實行。
影像來源／ Dimitris Kamaras/Flickr

以地球繞行太陽一周的天數為基準制定的曆法稱為「太陽曆」。古代的人們都是根據太陽動向制定曆法，儒略曆、公曆都是太陽曆的一種。

▲太陽曆　以地球繞行太陽一周的天數為基準制定的曆法，繞行一周的天數約為365天。

澀川春海制定了日本特有的曆法

日本第一次制定曆法是在江戶時代，那是在西元一六八四年由天文曆學家澀川春海制定的「貞享曆」。在此之前，日本使用的是中國唐朝制定的曆法。日本從西元八六二年實施中國曆法，到了八百多年後的江戶時代，曆法與季節產生極大誤差。

話說回來，人類制定曆法的目的是為了能掌握季節更替，按照計畫種植農作物。曆法可以幫助預測氣候變化，人們再根據預測決定何時播種與收穫。

這個時期的中國曆法不是根據太陽運作制定的太陽曆，而是根據月亮與太陽動向訂定的「陰陽合曆」。為了預測河水氾濫、漲潮退潮的時期，曆法學家也研究月亮的動向，融入在曆法中。然而，陰陽合曆在日本實行一段很長的時間後，曆法與季節產生極大誤差。為了修正誤差，澀川春海捨棄既有的曆法，根據中國元朝的曆法，考量中國和日本在地理位置上的差異，不斷觀察天體運行，成功創制出日本首部曆法。包括澀川春海創制的貞享曆在內，江戶時代總共制定四部曆法。

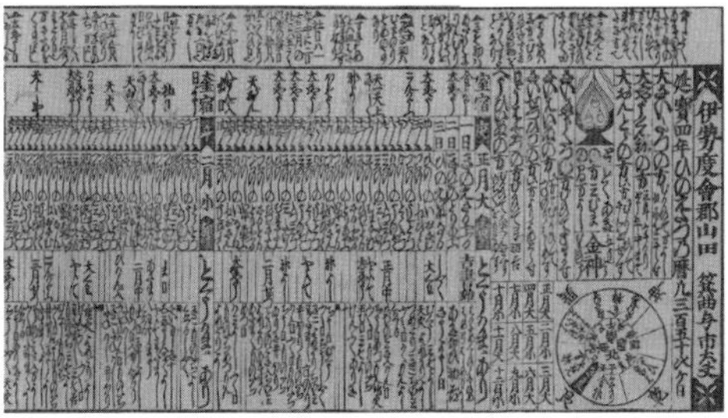

▲貞享曆　1684 年，日本人第一次制定的曆法。

引自日本國立國會圖書館數位收藏品

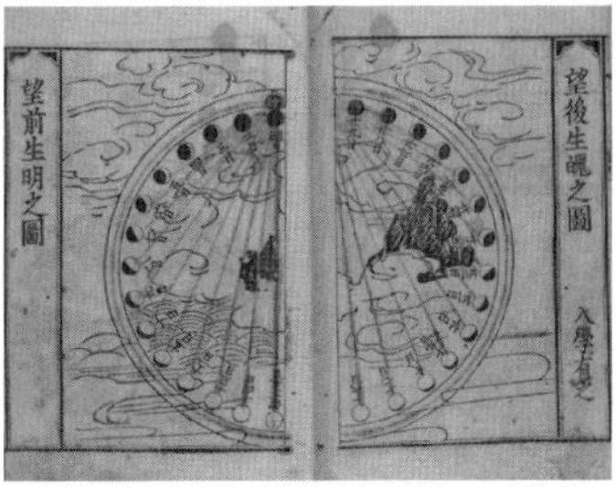

引自日本國立國會圖書館數位收藏品

▲中國曆法　日本使用中國的「宣明曆」。

小知識

江戶時代的月曆「大小曆」

陰陽合曆的曆法與季節之間存在誤差，因此每年都要重新計算，調整每個月的天數。一個月分成 30 天和 29 天，30 天稱為「大月」，29 天稱為「小月」。有些年還有閏月，一年有 13 個月。

由於曆法相當複雜，江戶幕府禁止外行人任意制定曆法。由於這個緣故，依個人興趣訂定的「大小曆」（表示大月和小月的曆法）蔚為風潮。右圖看起來像是「兔子搗麻糬」，但仔細看就會發現漢字（中文）的數字，記錄著大月和小月。臼上還有漢字的「四」。

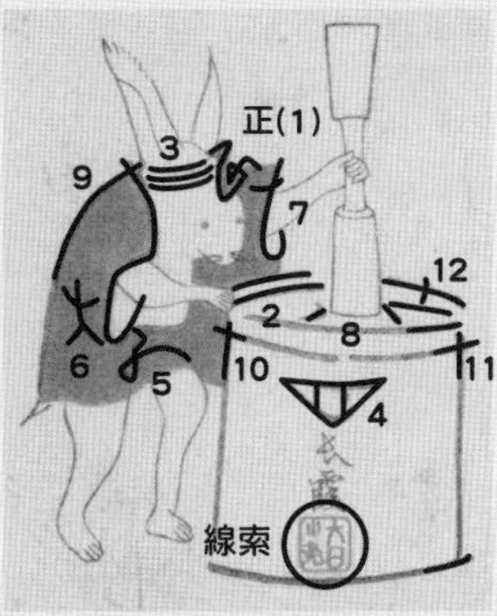

▲大小曆　臼的下方印有「大臼小兔」，臼上寫著「大月」，兔子上寫著「小月」等線索。

引自日本國立國會圖書館數位收藏品

伊能忠敬用自己的雙腳測量繪製出日本地圖

伊能忠敬是日本第一個根據實際的測量，繪製出正確日本地圖的人，十分有名。測量指的是為了繪製地圖，測量土地距離和角度的作業程序。而伊能忠敬的測量方式是靠自己的雙腳，一步一步走遍日本各地。

伊能忠敬四十九歲開始學習曆法和天文，他想知道地球的大小，實際進行測量。不過，他很清楚光是測量自家附近，無法獲得精準的數據，於是他計畫從事長距離的測量，並決定走遍日本全國。

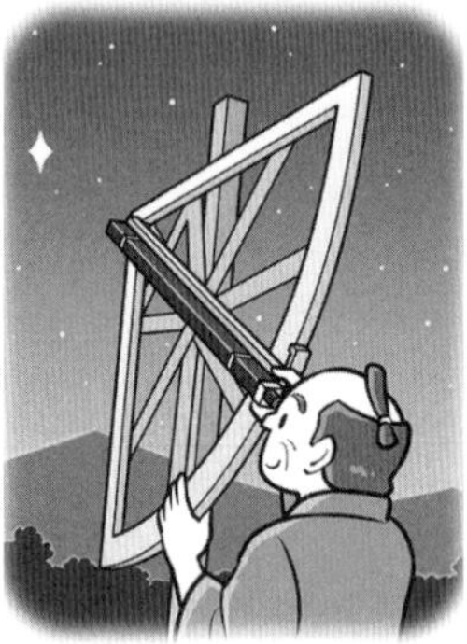

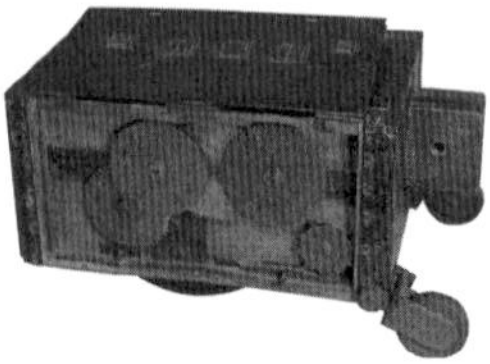

▲象限儀（右）與量程車（上） 象限儀是測量星星高度的工具。量程車是利用車輪迴轉圈數測量距離的工具。

「量程車」影像提供／日本香取市伊能忠敬紀念館

他的測量方法既簡單又單調。首先測量兩點之間的距離，並且以指南針測量方位，再透過步行測量到下一個地點的距離和方位。晚上則觀察星星的高度，核實測量場所的正確位置。

伊能忠敬一步步的完成單調的測量作業，走遍日本各地。前後花了三千七百三十六天，步行距離高達三點五萬公里。若換算成步數，大約走了五千萬步。

完成所有測量作業時，他已經七十一歲。之後開始製作地圖，他逝世三年後，一八二一年《大日本沿海輿地全圖》宣告完成。這份地圖不僅正確又精美，幕府嚴格禁止任何人將這份地圖攜出國外。

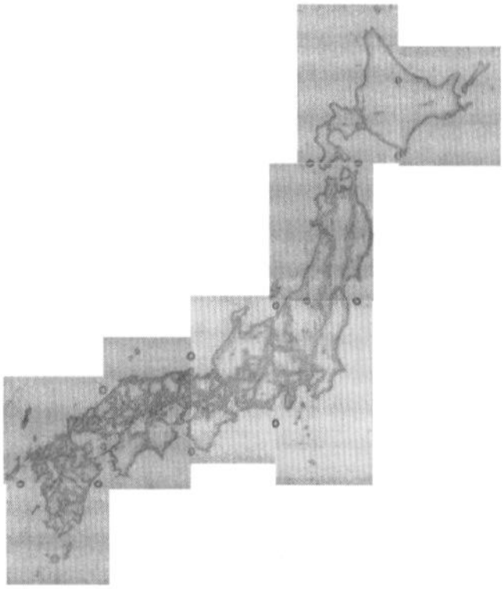

▲大日本沿海輿地全圖（中圖）

影像提供／The Japan Academy

只要用手指觸碰就能操作觸控面板的運作機制

為什麼我們用手指觸碰就能操作智慧型手機的觸控面板？

事實上，面板表面積存著十分微弱的電力，只要用手指觸碰，電流就會匯集在手指上，使觸碰處的電力變小。觸控螢幕就是透過電力的微妙變化，判斷手指碰觸的位置。

面板表面布滿了眼睛看不見的透明鑽石型感測器。假設直向排列了11個感測器，橫向排列了5個，當手碰觸面板，感測器就能讀取碰觸點的位置是直行由上往下第9個點、橫列由左往右第4個點，此碰觸點稱為「座標」。而當指尖從碰觸點移動，或是用兩根手指放大、旋轉畫面時，也會根據指尖位置和動向，反映出影像。

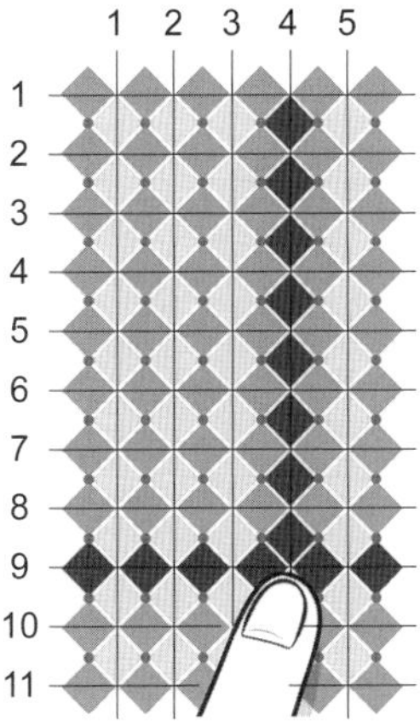
1
2
3
4
5
1
2
3
4
5
6
7
8
9
10
11

▲觸控面板

日本人發明的二維條碼

大家是否曾經在收據或是書籍上看過印有黑白格子的正方形二維條碼（QR Code）？只要用手機鏡頭掃描這個二維條碼，就能讀取各種資訊。

二維條碼是日本人發想出來的技術，可以讀取數字、英文字母、文字、電子郵件地址等各種資訊。

一維條碼只能夠紀錄橫向的資訊，二維條碼則是無論直向橫向都能記錄，因此可以記載更多的資訊。加上360度都能讀取，即使部分條碼汙損也能復原數據。

▲一維條碼（左）與二維條碼（右）

眞人電子遊戲

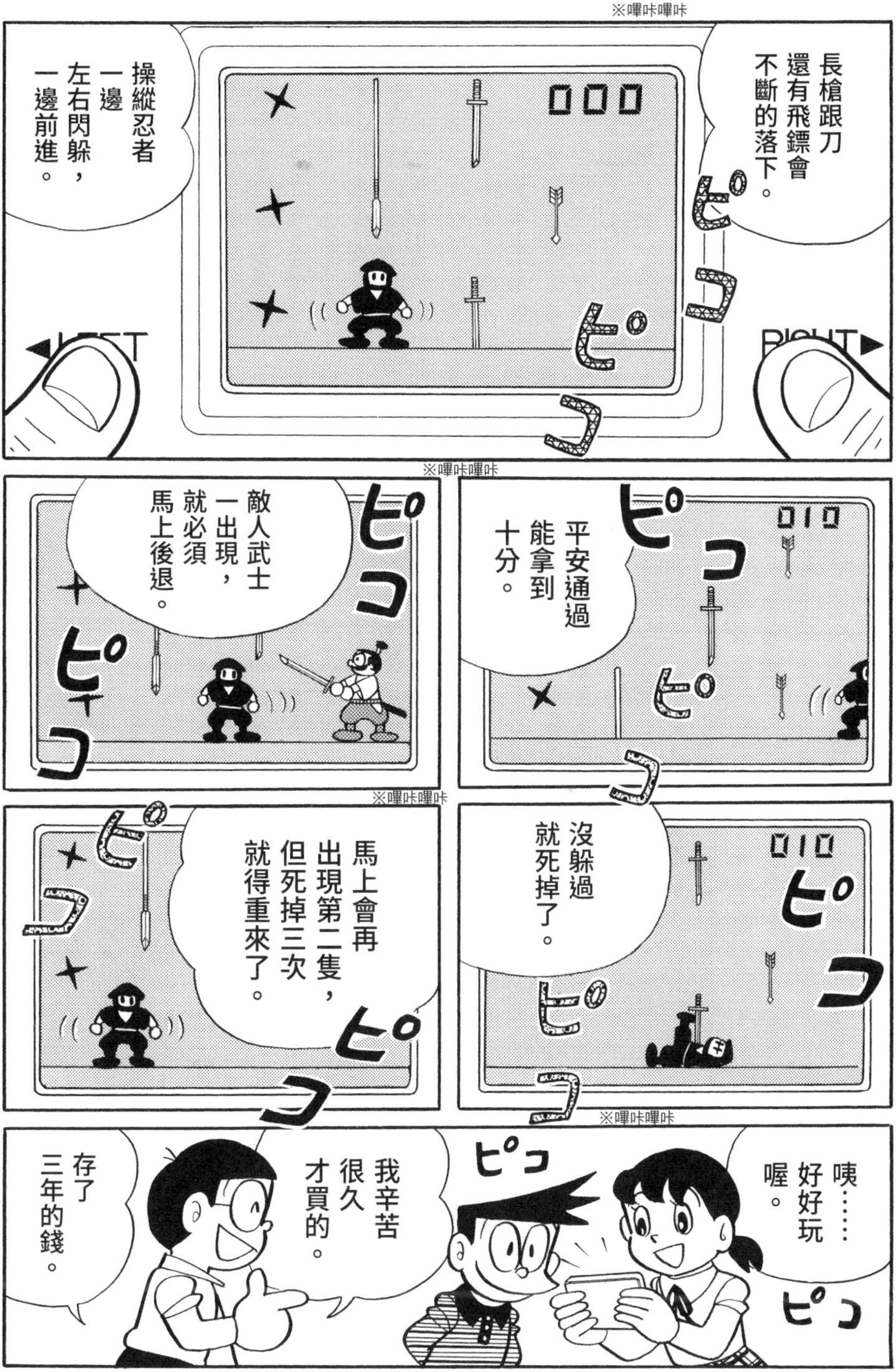
※嗶咔嗶咔
長槍跟刀還有飛鏢會不斷的落下。
操縱忍者一邊左右閃躲，一邊前進。
ピコ
ピコ
000
LEFT
RIGHT
※嗶咔嗶咔
ピコ
平安通過能拿到十分。
010
ピコ
敵人武士一出現，就必須馬上後退。
ピコ
ピコ
※嗶咔嗶咔
沒躲過就死掉了。
010
ピコ
ピコ
馬上會再出現第二隻，但死掉三次就得重來了。
ピコ
ピコ
※嗶咔嗶咔
咦……好好玩喔。
ピコ
ピコ
我辛苦很久才買的。
存了三年的錢。

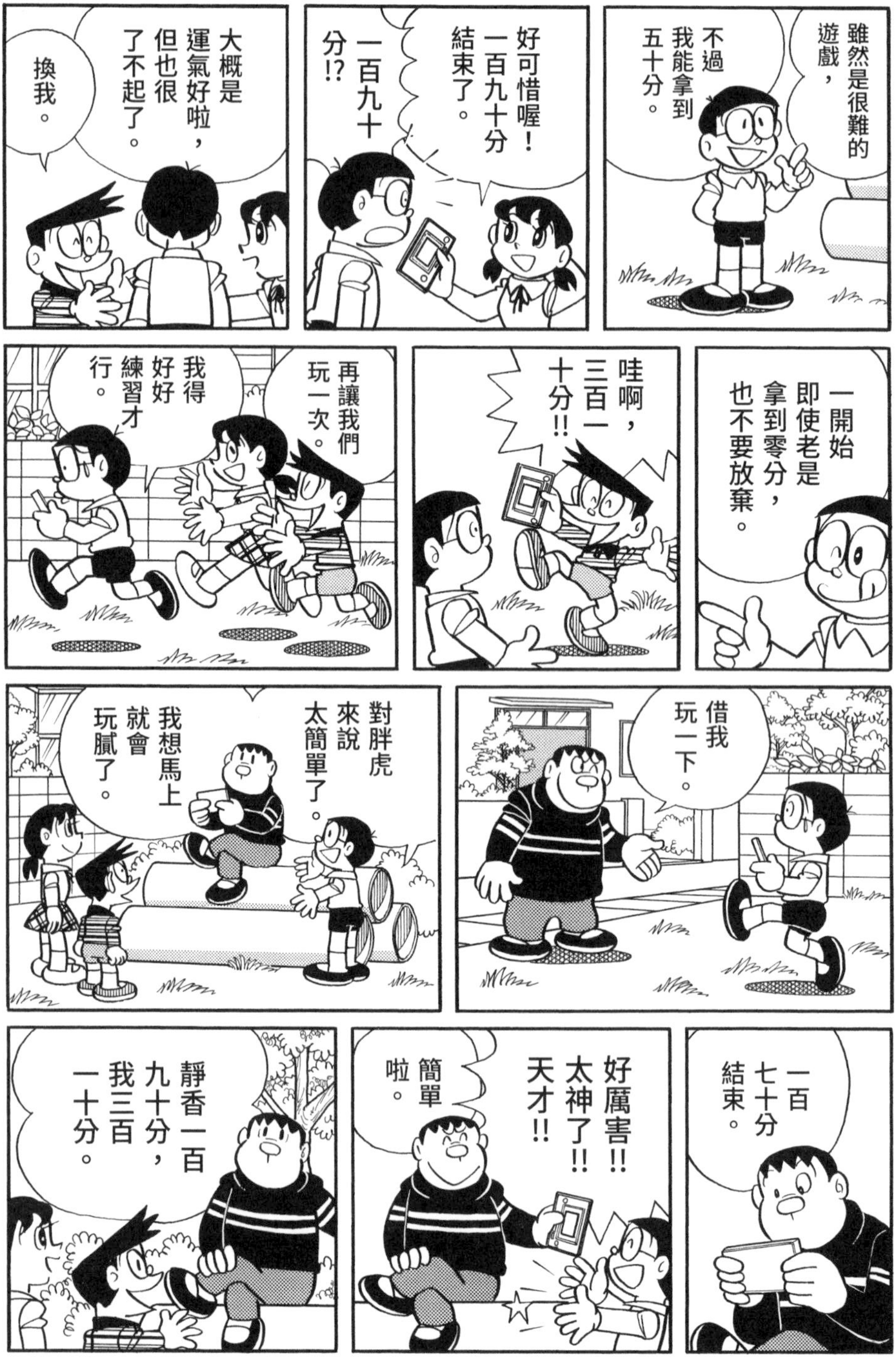

超強數學幸運槍Q&A

Q 電腦使用的是以下哪一種進位制？①十二進位制 ②十進位制 ③二進位制

※嗚嗚嗚

他說暫時保管就拿走了。
我存了三年錢，好不容易才買的……
ウッ
ウッ
我失去了生存的希望。
「真人電子遊戲」。
LEFT
RIGHT
透明的螢幕？
好奇怪。
這是把真人當遊戲玩。
操弄他人的惡作劇機器。
這次是胖虎不對，准許你使用。
在那裡！

A ③二進位制。順帶一提，十二進位制常用於時鐘，或是一打（一盒鉛筆有12支）等概念。

超強數學幸運槍Q&A

Q 日文密碼「さえごく」是什麼意思？①攻擊 ②降參（投降）③生けどり（活捉）

（提示「のさ」→「ねこ」回到上一個字）

A 攻擊（こうげき）。這個密碼是利用五十音表的順序，找出前一個字，例如：さ↓こ、え↓う、ご↓げ、く↓き。

※咻咚
ドス
呀啊—
那是虛擬的刀和長槍，所以掉落後會馬上消失。
就算刺中，也只有一丁點痛。
※嗶咔嗶咔、刷刷
ピコ
ピコ
救命啊！
ピコ
サ
サッ
010
過關。
得到十分。
？
？
？
我知道了，換我玩。
按下重置鈕……
※嗶咔嗶咔
喔？又來了。
ピコ
ピコ
ピコ
ピコ
ピコ
サ
サッ
※嗶咔嗶咔、刷刷刷

超強數學幸運槍Q&A

Q 摩斯電碼「・・・ーーー・・・」是什麼意思？請參照第一六三頁的摩斯電碼表。

A SOS。SOS是以前船隻或飛機求救時的暗語，傳達「遇難」的訊息。

※丟
※匡啷
※匡鏘匡

以0與1代表所有數字的二進位制

使用0到9連續數字十進位制的運作機制

我們平常使用的整數（小數）是每數到10就進一位的「十進位制」。以517這個整數為例：

517＝（5×100）＋（1×10）＋（7×1）

此外，時間是「60個1秒為1分鐘」，「60個1分鐘為1小時」，每數到60進一位。「秒」、「分」、「時」等時間單位屬於「六十進位制」。

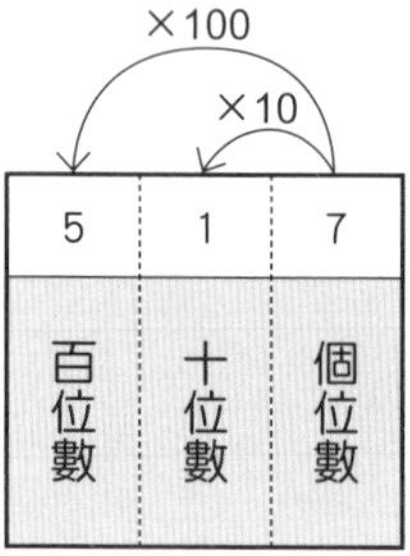
×100
×10
5
1
7
百位數
十位數
個位數

只以0與1表示數值的二進位制究竟是什麼？

「二進位制」是什麼樣的進位法呢？與十進位制一樣，二進位制是只用「0」與「1」兩個數字表示數值，每逢二就進一位。舉例來說，比1大1的數是以10表示，比11大1的數以100表示。就像這樣，以「×2」、「×4」、「×8」等2的自乘數作為進位單位的表示法即為「二進法」，以「二進法」表示的數稱為「二進位制」。接著請各位思考以下問題：

十進位制	二進位制
0	0
1	1
2	10
3	11
4	100
5	101
6	110
7	111
8	1000
9	1001
10	1010

以二進位制表示的1001，要如何以十進位制表示？以十進位制表示的12，該如何以二進位制表示？

在二進位制中的位數，使用1（2^0）位、2（2^1）位、4（2^2）位、8（2^3）位表示。以二進位制表示的

1101，代表8位為「1」、4位為「1」、2位為「0」、1位為「1」；若以十進位制表示如下：

（1×8）＋（1×4）＋（0×2）＋（1×1）＝13

另一方面，以十進位制表示的12，該如何以二進位制表示？首先，12除以2，寫下除法的答案（商）和餘。接著，求出來的商6除以2，再寫下除法的答案（商）和餘……以此類推，一直除到商為0為止。餘的部分則從尾到頭依序排列。

12÷2＝6餘0
6÷2＝3餘0
3÷2＝1餘1
1÷2＝0餘1

從尾到頭依序排列就是「1100」。

綜合上述內容，以十進位制表示的12，在二進位制為「1100」。

電腦運算採用二進位制

電腦的運算是採用二進位制。雖然我們在電腦鍵盤上輸入的是0到9等數字，但是在電腦內部會將所有的數字轉換成二進位數。

電腦的內部有許多IC（積體電路），積體電路的外形很像蜈蚣，底部有好幾根銀色接腳。當接腳透過電流接收資訊，積體電路就會開始運算，進行各種記錄。電流通過接腳之「有」「無」，以二進位數的「0」與「1」表示，藉此處理資訊。

▲IC（積體電路）
影像提供／東芝電子元件及儲存裝置株式會社

各位是否聽過「位元（bit）」和「位元組（byte）」？「1位元」是以「0」與「1」表示的最小資訊單位，亦即二進位中的一位。8個位元是「1位元組」，在二進位中，每8個位元是一個位元組。

1bit（二進位制中處理資訊的最小單位）

1	0	0	1	0	0	0	0

8bits＝1byte

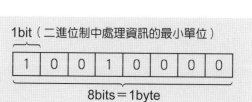

密碼的歷史

守密者與洩密者鬥智 密碼的進化史

隨著網路日益普及，保護資訊的「密碼」和加密技術顯得越來越重要。數據加密之後，就能在安全狀況下使用個人資料、信用卡等重要資訊。

想要加密數據，必須具備數學知識。人類在悠久歷史中，學會利用密碼保護自己的祕密，避免被敵人和壞人掌握。密碼的發展史也是「守密者」與「洩密者」鬥智的歷史。

將信件內容置換成其他文字的 凱撒密碼

古羅馬政治家尤利烏斯・凱撒使用「凱撒密碼」，向部屬下達祕密命令。他使用的方法是將字母以事先決定好的偏移量往後移，寫成別人看不懂的文字傳達訊息。以英文字母舉例來說，事先決定好偏移量為「4」，「a」以「e」置換、「b」變成「f」。如此一來，「exxego」的真正意思就會是「attack（攻擊）」。

這類按照規律置換文字的加密法稱為「替換式密碼」。這也是密碼發展史中最常使用的方法。

九世紀阿拉伯哲學家肯迪發現了「頻率分析」的方法，用來解讀密碼。

仔細研究某種語言就會發現，在該語言中有些字出現的頻率會比較高。以英文為例，「e」出現的頻率最高。有鑑於此，將英文加密的文章中，最常出現的字母可以解密為「e」。以同樣的方法，只要

原本的字母	abcdefghijklmnopqrstuvwxyz
密碼字母	efghijklmnopqrstuvwxyzabcd

exxego→attack（攻擊）

▲**凱撒密碼**　往後偏移 4 個英文字母，即可排列出上述文字。

調查出現頻率，了解各個字母出現幾次，就能分析出原本的文字。

十六世紀，蘇格蘭女王瑪麗一世計畫暗殺當時的英國女王伊莉莎白一世，以替換式密碼製作加密文件，將訊息傳遞給同夥，商討暗殺計畫。不過，伊莉莎白一世的家臣拿到文件並成功解密，得知暗殺計畫。後來瑪麗一世以謀逆罪被判處死刑。

▲瑪麗一世（1542～1587年）

影像來源／Detroit Publishing Company via Wikimedia Commons

摩斯電碼是電力通訊始祖

長久以來，人類透過走路、騎馬等人工方式傳遞訊息。隨著十九世紀發明出使用電力傳遞訊息的「摩斯電碼」，遠距離通訊變得更加輕鬆。

美國發明家塞繆爾・摩斯組合點「・」與劃「—」表示文字、數字與符號，轉換成電子訊號傳送出去。使用電子訊號的通訊方式稱為「電信」。

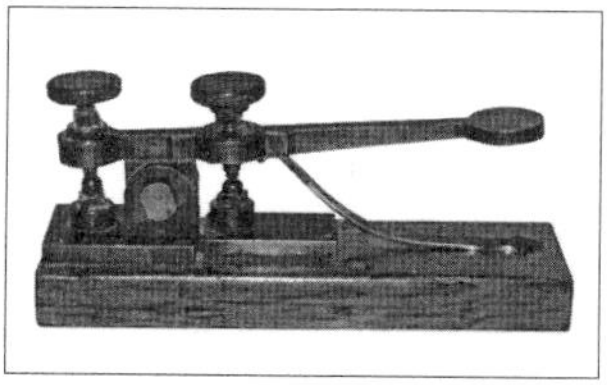

影像來源／Richard Warren Lipack via Wikimedia Commons

A	·—	N	—·
B	—···	O	———
C	—·—·	P	·——·
D	—··	Q	——·—
E	·	R	·—·
F	··—·	S	···
G	——·	T	—
H	····	U	··—
I	··	V	···—
J	·———	W	·——
K	—·—	X	—··—
L	·—··	Y	—·——
M	——	Z	——··

▲電鍵（上）與摩斯電碼（下）

恩尼格瑪密碼機與天才數學家

第二次世界大戰期間，德軍使用機械式「恩尼格瑪密碼機」加密情報。這是當時最先進的儀器，德軍利用恩尼格瑪密碼機傳遞與接收情報，攻擊美國、英國等同盟國聯軍。英軍因此遭受德軍猛烈攻擊，死傷慘重。

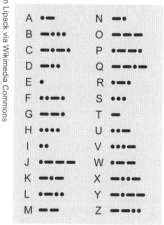

為此，同盟國聯軍著手破解德軍密碼，最後終於由英國數學家艾倫·圖靈與其夥伴想出破解恩尼格瑪密碼的方法。英國也成功破解許多德國的機密資訊。

▲恩尼格瑪密碼機 解讀團隊的成員以數學家為主。

影像來源／United States Government Work via Wikimedia Commons

守護重要資訊網路密碼化

隨著網路發達，我們能在短時間接收大量資訊。為了保護頻繁傳遞的個人資料和機密資訊，加密技術也日益精進。

「凱撒密碼」的加密方法是事先決定文字的偏移量，例如「往後偏移4個字母」。收到密碼的人如果不知道「往後偏移4個字母」這個解密法，就無法讀取正確資訊。在現代的密碼界，這樣的「方法」稱為「演算法」，「偏移量」稱為「金鑰」。只要知道演算法與金鑰，就能解讀密碼。

儘管現代的密碼使用的是比凱撒密碼更加複雜的演算法和金鑰，但總是會有被破解的一天。為了保護我們透過網路傳遞的資訊，設定密碼的人要不斷的想出更複雜難解的加密技術。

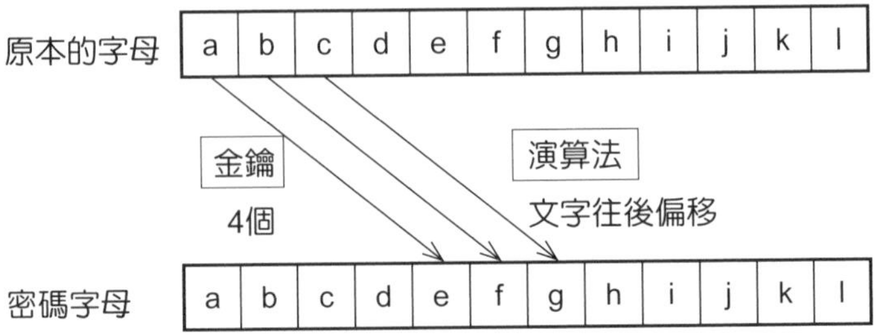
原本的字母
a b c d e f g h i j k l
金鑰
4個
演算法
文字往後偏移
密碼字母
a b c d e f g h i j k l

▲凱撒密碼的演算法與金鑰 演算法是「文字往後偏移」，金鑰是「4」。

開啟未來的超級電腦

無法想像的高速運算 超級電腦究竟是什麼？

超級電腦的運算速度比一般電腦高出數百倍到數百萬倍。假設一般電腦的運算速度是人類的步行速度，超級電腦的運算速度可以說是比火箭還要快。

2012 年 8 月 25 日 NICAM（水平解析度 0.87km）

▲**地球大氣**　超級電腦「京」進行的大氣模擬。只要天氣預報精準無誤，就能保護人民生命安全，避免天災危害。

影像提供／日本海洋研究開發機構・東京大學大氣海洋研究所（HPCI 戰略計畫領域 3）與理化學研究所共同研究　視覺化／吉田龍二

舉例來說，天氣通常會受到氣溫、氣壓、溼度與風速等因素影響，超級電腦能夠計算這些因素的變化趨勢，預測（模擬）未來。這就是我們能夠透過「天氣預報」掌握的資訊。此外，人類也會運用超級電腦發展汽車的自動駕駛和藥物開發。

全球最頂尖超級電腦「富岳」

現在全世界最強的超級電腦是日本的「富岳」，其運算速度為一秒鐘約四十四京次。日本的人口一億兩千萬人二十四小時不眠不休，計算超過一百年，才能達到「富岳」一秒鐘的運算成果。

©RIKEN

▲**「富岳」**　在大約 3000m^2 的房間內，設置 432 個電腦櫃。

影像提供／日本理化學研究所

稅金鳥

※啪噠啪噠
要看請購買。
廢話，如果買得起我當然會買啊。
書店
謝謝惠顧。
你買了十本新書啊。
不借你看。
這些是用我的零用錢買的。

超強數學幸運槍Q&A

Q 乘法運算的答案稱為「積」，請問除法運算的答案稱為什麼？①和 ②差 ③商

不公平!!
都只有小夫能買……
我覺得應該人人平等才對。
有沒有辦法改變這個世界!!
倒是有個辦法可以公平一點。
「稅金鳥」
咦？
從零用錢抽稅金的機器!?
比如說你的零用錢有五百圓，
就抽一成五十圓。
開什麼玩笑。
我都還嫌零用錢不夠了。
金額越高稅金越重，
超過一千圓抽三成，一萬以上抽七成。
其實滿公平的嘛。
至於稅金如何使用，就由你們自己決定。

A ③商。加法運算的答案稱為「和」，減法運算的答案稱為「差」。

超強數學幸運槍Q&A

Q 江戶時代的寺子屋（私塾），除了教讀書、寫字之外，還教什麼？①劍道 ②珠算 ③水彩畫

A ②珠算。不只是町，江戶時代全日本各地都有寺子屋，孩子們在那裡用功唸書。

超強數學幸運槍Q&A

Q 日本全國珠算教育聯盟訂定的「算盤日」是哪一天？①7月7日 ②8月8日 ③9月9日

A ②8月8日。從撥算盤的聲音得到靈感，故定為這一天。

我剛才不是把儲蓄全都給媽媽了？
你拿一些錢叫我去買「模型汽車」好嗎？
我買回來給你，然後你再把它給我。
喂！稅金鳥!!
小夫逃漏稅呀。
幫忙買東西不能抽稅。
好奸詐。
稅金太重了。
簡直豈有此理。
那是我為了買顯微鏡好不容易存的錢。
還有去當鄰居小孩的家教賺來的。
存錢是我唯一的樂趣。那些是我忍耐很久才存到的錢啊！
稅金存夠了嗎？
差不多可以買東西了吧？

超強數學幸運槍Q&A

Q 根據《塵劫記》的內容，江戶時代的九九乘法表只要記幾則就好？①40則 ②36則 ③25則

A ②36則。第一行與□×1不用背。此外，「2×3」與「3×2」只要記其中之一就好。

幸運槍

有客人來，你就忍耐一下吧！
真倒楣。
來看漫畫吧！
奇怪！我看到一半的漫畫不見了？
爸爸拿去看了。
他說要在電車上看。
想出去玩，卻連鞋子都被狗叼走！

有人運氣像我這麼差的嗎？
的確有啊。
你那裡有沒有……
能夠改運的道具啊？
也不是沒有！
「幸運槍」。
四連發的左輪手槍。
子彈有三顆紅的一顆黑的。
如果被紅的打到，一整天都會很幸運。
真的嗎？
※咔啦咔啦

超強數學幸運槍Q&A

Q 哪本是建部賢弘解説江戸時代的《發微算法》？①古今東西發微算法記 ②發微算法演段諺解

A 發微算法演段諺解。以淺顯易懂的方式解説其師父關孝和寫的和算書《發微算法》，兩人不只是師徒關係還都是天才數學家。

超強數學幸運槍Q&A

Q 洋算（西方算數）有，和算（日本算數）沒有的概念是哪一個？①圓周率 ②面積 ③角度

A ③角度。江戶時代沒有「角度」的概念，和算有「方位」、「方向」、「坡度」等想法。

上次去國外玩，買了禮物要送你。
請收下。
哇~好漂亮！
你看吧！
※撲通撲通
拚了！
ドキドキ
ドキドキ
我總覺得這次會出現黑色的子彈。
男子漢不能那麼優柔寡斷……
對了！我想到好點子了！
先讓別人把黑子彈打出來吧！
那我就能安心扣扳機了。
讓我來！
我最喜歡這種遊戲了。
先跟你說，剩下三發裡有一發是黑的喔。
哼！
我怎麼會怕這個！

※賓砰
好像是紅色子彈。
哇～～突然覺得心情好愉快！
哇哈哈！
這是什麼？
嚼嚼
嚼嚼
真好吃…
不要亂揮丸子喔！
我帶你去看電影吧！
咦？真難得！
撿到一百圓。
好羨慕喔！
誰叫你不敢。
這次你一定要鼓起勇氣。
不行，就是這次。
我想這次一定是黑色子彈。

超強數學幸運槍Q&A

Q 有ABCD四個人，從中選出兩人的方法有幾個？

A 6個。「AB」、「AC」、「AD」、「BC」、「BD」、「CD」，總共六種組合。

超強數學幸運槍Q&A

Q 鶴與烏龜加起來總共有10隻，腳有28隻。請問這當中有幾隻鶴？

※賓砰

※咚鏘

A 6。共10隻，若鶴為0（龜10）就有40隻腳。若鶴1（龜9）共38隻腳。鶴每多1腳就少2隻，因此鶴為6（龜4）合計28隻腳。

第11章 日本的數學
從中國傳入的計算工具

使用紅棒和黑棒——算木

中國古代是使用「算木」來做計算，到了西元六世紀時這項工具傳入了日本。算木使用的是長3‧6公分的小木棒，有黑色與紅色兩種，紅棒為正數、黑棒為負數，將算木放在算盤紙上做計算。

算木分成縱式和橫式，個位數為縱、十位數為橫、百位數為縱……依此類推，利用橫縱變化表示位數。0則是什麼都不放或放一顆圍棋子。

	1	2	3	4	5	6	7	8	9
縱	𝍠	𝍡	𝍢	𝍣	𝍤	𝍥	𝍦	𝍧	𝍨
橫	𝍩	𝍪	𝍫	𝍬	𝍭	𝍮	𝍯	𝍰	𝍱

孩子們都在學——算盤

距今約四千年前，美索不達米亞人（現在的伊拉克一帶）發明出在沙子上放石頭計算的「沙算盤」。之後，希臘人與羅馬人也發明「線算盤」，將算珠放在穿了線的盤子上進行計算。大約兩千三百年前，羅馬人開始使用「溝算盤」，在盤子上挖溝嵌入算珠使用。

相傳這個溝算盤經由絲路傳入中國，當時的中國使用算木，到了十四世紀算盤才在中國普及。

算盤在十六世紀由中國商人傳入日本。算盤可以拿在手中撥打算珠，計算速度又比算木快，是很方便的工具。

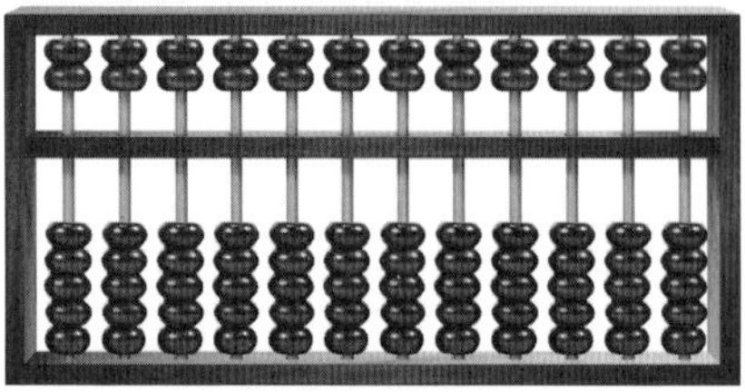

▲中國的算盤　上方有2個代表5的算珠，下方有5個代表1的算珠。

影像提供／fotoslaz/PIXTA

江戶時代的暢銷書——《塵劫記》

算盤剛傳入日本時，大多數日本人還在用算木計算。一六二七年，和算家吉田光由寫的《塵劫記》以淺顯易懂的方式解說數學概念，推廣算盤知識。

這本書不只介紹算盤的使用方式，還有百、千、萬等數字名稱，除法和乘法的運算方法，更整理了日常生活中一定會遇到的計算問題與數學謎題。書中刊載了大量插圖，不只適合成年人學習，在寺子屋上學的孩童們也將《塵劫記》當成教科書。

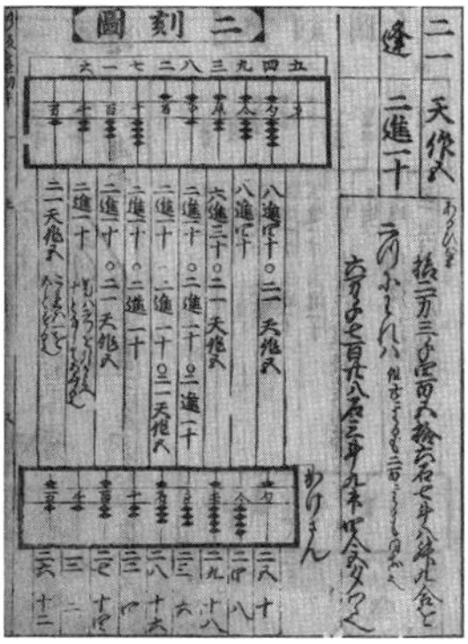

▲塵劫記　記載算盤用法的頁面。

日本國立國會圖書館數位收藏品

小知識

一起來挑戰和算①　—— 方陣 ——

問題①　**在右邊空格填入 1 ～ 9 等數字，使得所有橫、豎、斜著數的三個數加總的和相等，請問各空格應該填入哪些數字？**

		2
		6

橫列的三列總和為

1 ＋ 2 ＋ 3 ＋ 4 ＋ 5 ＋ 6 ＋ 7 ＋ 8 ＋ 9 ＝ 45

由於各列的和相等，因此一列的和為 45÷3 ＝ 15。有鑑於此，右圖中①～④等四列的總和為

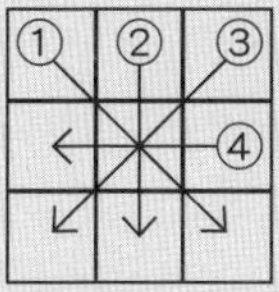

15 ＋ 15 ＋ 15 ＋ 15 ＝ 60

正中間那一格的數，比其他數多加 3 次，所以正中間的數為（60 － 45）÷ 3 ＝ 5。

目前已知正中間為 5，根據這一點填入其他數，使得所有橫、豎、斜著數的三個數加總為 15，結果如右圖所示。　**【答案】**

4	9	2
3	5	7
8	1	6

和算之父——關孝和

關孝和（請參照九十六頁）一六四〇年左右出生於上野國（群馬縣），父親在他很小的時候過世，後來成為關家的養子。長大後到甲州藩（山梨縣）德川綱重的兒子綱豐身邊工作。《塵劫記》在他十歲的時候問世，他十分著迷可以拿著算盤自己學習的《塵劫記》，發現數學的有趣之處。

他也靠自己的力量學習中國和日本的數學書。當時的人都是使用算木解開高深的數學題，但算木有許多缺點，不方便使用，因此他以算木為基礎，開發出將符號寫在紙上計算的「筆算」法。筆算法出現之後，過去無法解開的艱深題目一一被破解，大力推動日本數學「和算」的發展。

關孝和不只精準算出圓周率小數點以下十位，還想出行列式、方程式建立法、多邊形面積的求法等。其中還包括比當時歐洲數學家更卓越的研究成果。

小知識

一起來挑戰和算②　── 賣花問題 ──

問題②　有一位女性每天從「櫻花、桃花、山茶花、柳花」等 4 種花卉中，選出 3 種販售。3 種組合的販售順序都是固定的，假設有一天你買到「櫻花、桃花、山茶花」，幾天後才能再買到同樣組合的花？

從 4 種花卉選 3 種的方法，如右圖所示，共有 4 種。由於這個緣故，4 天後才能買到同一種組合。

	櫻花	桃花	山茶花	柳花
第一天				×
第二天			×	
第三天		×		
第四天	×			

聚焦在「沒選上的花」也能求出答案。第一個沒選上的是「柳花」，接著只要思考「柳花」下一次又沒選上是幾天後，就能求出答案。沒選上的花依序如下：

第一天：柳花　第二天：山茶花　第三天：桃花　第四天：櫻花

共計四種情形。換句話說，選三種花共有四種組合，下次買到相同組合是在 4 天後。

【答案】4 天後

關孝和認可的天才——建部賢弘

關孝和想出以筆和紙計算的筆算法，陸續解開當時無人能解的數學難題。一六七四年，關孝和發表《發微算法》一書，公布數學難題的解法。

《發微算法》讓日本全國的和算家備受衝擊，過去採用中國算法都解不開的難題，只要用筆算就能迎刃而解。這也讓關孝和聲名大噪，名聞全國。不過，這本書並未詳細解釋筆算的運算方法，有些不明白其解法的和算家甚至指出《發微算法》有誤。

為了解開外界疑慮，關孝和的弟子建部賢弘寫了一本書，以淺顯易懂的方式解說《發微算法》。多虧有這本書，許多人才終於了解關孝和的想法。

建部賢弘算出圓周率小數點以下四十位（請參照第九十六頁），遠遠超越關孝和的成就。關孝和、建部賢弘等優秀和算家讓日本數學蓬勃發展。

小知識

一起來挑戰和算③ —— 龜鶴算 ——

問題③ 鶴與烏龜總計有 7 隻，合計 22 隻腳。請問鶴與烏龜各有幾隻？一隻鶴有 2 隻腳，一隻烏龜有 4 隻腳。

如果鶴為 0 隻（亦即烏龜為 7 隻），那麼鶴腳有 0 隻、烏龜腳有（4×7＝）28 隻，腳的數量總計為 0 ＋ 28 ＝ 28（隻）。

依此類推，統整鶴有 1 隻（烏龜有 6 隻）、鶴有 2 隻（烏龜有 5 隻）……等情形下，共有幾隻腳？結果如下表所示：

鶴的數量（隻）	0	1	2	3	4	5	6	7
烏龜的數量（隻）	7	6	5	4	3	2	1	0
腳的數量總計（隻）	28	26	24	22	20	18	16	14

從上表可知，只有鶴為 3 隻、烏龜為 4 隻的狀況下，腳的數量合計才是 22 隻。遇到龜鶴算這類計算題時，只要在總和相同的狀況下，減少其中一邊的數量，同時比較實際總和之間的差距，就能解開題目。表格真的是很方便的計算工具。

【答案】鶴有 3 隻、烏龜有 4 隻

引進歐洲數學——洋算

江戶時代結束後，明治新政府融合歐洲文化，成立了新式小學。不只是既有的和算，還引進歐洲數學「洋算」，推動數學教育的「國際化」。雖然保留了方便好用的計算工具「算盤」，和算卻從學校教育中消失。

不過，和算並未完全滅絕，日本人現在使用的數學用語中，還保留著和算的傳統。例如「加、減、乘、除」、「圓、弧、弦」、「圓周率」等，這些都是從和算時代延續至今。

正因為和算建立的數學基礎深植日本人心中，明治時代的日本才能欣然接受歐洲文化。平民百姓在日常生活中善用算盤，解決各種計算問題，培養高度的數學涵養。過去的日本人習慣在成功解開數學難題後，獻上「算額」給神社與寺院，感謝神佛保佑。和算就是在這樣的社會氛圍中日益發展。

聞名全世界的——日本數學家

日本人欣然接受從歐洲引進的新式數學「洋算」，而且與之前學習中國數學一樣，這次依舊全心投入，在短時間之內學會歐洲數學。

由於這個緣故，日本誕生了許多優秀數學家，包括將近代數學帶進日本的菊池大麓、提升日本的數學水準與國際比肩的高木貞治、解決全世界皆無人能解的數學難題的岡潔等人。

此外，日本數學家也榮獲有數學界諾貝爾獎之稱的「菲爾茲獎」肯定，例如一九五四年的小平邦彥、一九七〇年的廣中平祐，以及一九九〇年的森重文。下一位榮獲菲爾茲獎的日本數學家會是誰呢？真令人期待啊！

影像提供／岡家

▲岡潔
（1901～1978年）

▲高木貞治
（1875～1960年）

影像來源／Shigeru Tamura
Wikimedia Commons

漫畫

藤子・F・不二雄

■漫畫家

本名藤本弘。

1933年12月1日出生於富山縣高岡市。1951年以《天使之玉》出道正式成為漫畫家。以藤子・F・不二雄之名持續創作《哆啦A夢》，建構兒童漫畫新時代。主要代表作品包括有《哆啦A夢》、《小鬼Q太郎（共著）》、《小超人帕門》、《奇天烈大百科》、《超能力魔美》、《科幻短篇》系列等。2011年9月成立了「川崎市 藤子・F・不二雄博物館」，是一間展示親筆繪製的原稿、表彰藤子・F・不二雄的美術館。

日文版審訂

黑澤俊二

■立教大學文學部教育學科特任教授

1951年出生於東京。取得東京學藝大學研究所教育學研究科教育心理學專攻碩士學位。曾任東京學藝大學附屬世田谷小學教師、東京學藝大學講師、山梨大學講師、常葉學園大學教育學部數學科副教授、常葉大學教育學部・研究所高度教育實踐研究科教授，之後擔任現職。專業為教育評估。著作繁多，包括《什麼是真正的教育評估　提升孩子能力的評估方法》（學陽書房）等。也參與《數字與圖形圖鑑》（小學館）等適合小孩閱讀的書籍審訂。

參考文獻 / 網站

《數字與圖形圖鑑（小學館幼兒圖鑑NEO》（黑澤俊二／小學館）、《數學的歷史（「知識再發現」雙書74）》、（鄧尼・蓋奇、藤原正彥／創元社）、《「數學」如何改變世界（Visual Guide想知道更多的數學①）》（湯姆・傑克森／創元社）、《數學不思議 讀了就想與人分享的數學奧祕》（今野紀雄／SB Creative）、《家庭的算數・數學百科》（銀林浩、野崎昭弘、小澤健一／日本評論社）、《培養思考力！愛不釋手　算數原來如此大圖鑑》（櫻井進／Natsume社）、《算數趣味大事典》（學研）、《從算數看數學 ①從數開始》（志賀浩二／岩波書店）、《從算數看數學　⑤數學悄悄話》（志賀浩二／岩波書店）、《算數・數學能做什麼？搞懂算數與數學基礎的圖鑑》（松野陽一郎／東京書籍）、《數學符號閱讀辭典～數學角色扮演》（瀨山士郎／技術評論社）、《【圖解】數學的世界》（矢澤Science Office／ONE PUBLISHING）、《改變世界看法「數學」入門》（櫻井進／河出文庫）、《牛頓式超圖解　最強又有趣的數學　數與算式篇》（Newton Press）、《快樂算數》（新井紀子／理論社）、《分數　數學的基本》（新崛孝志／東京圖書出版會）

【參考網站】

伊能忠敬紀念館（香取市HP）、射水市新湊博物館、木島平村教育委員會、公益財團法人黑潮生物研究所、公益財團法人鹽事業中心、日本國立研究開發法人產業技術綜合研究所、日本國立國會圖書館、金王八幡宮、日本學士院、養老町教育委員會、日本理化學研究所、早稻田大學埃及學研究所

哆啦A夢知識大探索 12
超強數學幸運槍

● 漫畫／藤子・F・不二雄
● 原書名／ドラえもん探究ワールド── おもしろいぞ！数の世界
● 日文版審訂／ Fujiko Pro、黑澤俊二（立教大學）
● 日文版構成・撰文／古屋雅敏、山崎加奈、三木瑞希（Edit）
● 日文版撰文協力／大塚明子、佐倉規子　● 日文版封面設計／有泉勝一（Timemachine）
● 日文版版面設計／中央製作社　● 插圖／今田貴之進
● 日文版協作／目黑廣志　● 日文版製作／酒井 Kaori
● 日文版編輯／松本直子
● 翻譯／游韻馨　● 台灣版審訂／楊凱琳

發行人／王榮文
出版發行／遠流出版事業股份有限公司
地址：104005 台北市中山北路一段 11 號 13 樓
電話：(02)2571-0297　傳真：(02)2571-0197　郵撥：0189456-1
著作權顧問／蕭雄淋律師

2024 年 4 月 1 日 初版一刷
定價／新台幣 350 元（缺頁或破損的書，請寄回更換）

ISBN 978-626-361-546-5
遠流博識網 http://www.ylib.com　E-mail:ylib@ylib.com

◎日本小學館正式授權台灣中文版
● 發行所／台灣小學館股份有限公司
● 總經理／齋藤滿
● 產品經理／黃馨瑝
● 責任編輯／李宗幸
● 美術編輯／蘇彩金

國家圖書館出版品預行編目（CIP）資料

超強數學幸運槍 / 日本小學館編輯撰文；藤子・F・不二雄漫畫；游韻馨翻譯．-- 初版．-- 台北市：遠流出版事業股份有限公司，2024.4
面；　公分．--（哆啦 A 夢知識大探索；12）

譯自：ドラえもん探究ワールド：おもしろいぞ！数の世界
ISBN 978-626-361-546-5（平裝）

1.CST: 數學　2.CST: 漫畫

310　　113002227

※本書為 2021 年日本小學館出版的《おもしろいぞ！数の世界》台灣中文版，在台灣經重新審閱、編輯後發行，因此少部分內容與日文版不同，特此聲明。